推薦序

台灣是一個證照的社會，許多專業技能都有對應的證照可以證明證照擁有者的能力；而Adobe公司作為設計界的軟體龍頭，對於旗下軟體的證照推廣亦相當重視，對於Adobe軟體的使用者而言，官方的ACA認證就是最具有公信力的一張證照。

翊利得資訊做為ACA認證的獨家代理商，對於證照的推廣一向不遺餘力，不僅對於一般社會大衆，或是學校老師、學生，翊利得資訊皆在授課、輔導、考試的安排上盡最大的協助，讓軟體使用者們的專業技術與知識得以提升，也讓職場上的業主們對於證照擁有者的專業能力抱持肯定的態度。

裴恩設計的講師團隊在視覺設計的教學領域中擁有豐富的經驗，近幾年並與翊利得資訊合作，在各大專院校及高中職開設證照輔導課程，對於ACA證照輔導極為熟稔，此書由裴恩設計統籌此書，相信能讓讀者們在面對ACA的考試時，能更加得心應手，取得好成績。

最後祝福讀者們面對考試都能順利取得證照，並在職場中一切順遂。

翊利得資訊科技有限公司　副總經理

作者序

資訊、語文及金融三種認證，是目前全球最重視的三項認證種類，而對一般的上班族來說，由於辦公室高度數位化及設計普及化，因此在職場上多少都會被要求擁有數位設計的能力，就算在職場中沒有直接的關連，日常生活中也有各種機會需要使用到相關的技能，因此Adobe原廠為了協助各企業能夠客觀評斷數位設計的能力，所以規劃了相對應的各項認證，而一般使用者就以取得對應的認證，做為就業叩關的輔助。

對於數位設計的能力，需了解理論原則，才能有所依循；懂得創意發想，作品才有生命；對工具如心使臂，才不致眼高手低。完整而深入的鑽研，對取得證照是重要的過程；而打開職場的大門之後，技術純熟之餘的創意與進步，則是站穩職場的不二法門。

本書除了協助讀者取得ACA Illustrator的認證外，撰寫這本書時也特別在順序上作了一些規劃，初學者也可以藉由此書進入Illustrator廣大的世界，進而成為有經驗的使用者，因此這不是一本單純的認證考試書籍，也是一本Illustrator入門工具書籍。

最重要的，要感謝翊利得資訊邱董事長及邱副總的鞭策提攜，與其他同仁們的協助。最後預祝各位準考生，考試順利，並在往後的職涯發展中一切順遂。

裴恩設計事務所　創意總監　孫鳴遠

ACA國際認證 Illustrator CC 完全攻略

裴恩設計工作室 編著

- 本書是Illustrator入門工具書，亦指導讀者通過ACA認證考試，一舉兩得。
- 各章末皆有自我評量，書末另附有ACA Illustrator認證模擬試題題庫。
- 範例光碟附有詳細解題影片與技巧。

Contents

CHAPTER 01 關於ACA認證

CHAPTER 02 設定專案要求

CHAPTER 03 準備圖形使用的設計元素

Contents

CHAPTER 04 了解 Illstrator 介面

CHAPTER 05 使用 Illustrator 建立圖形 (一)

CHAPTER 06 介面使用 Illustrator 建立圖形 (二)

Contents

CHAPTER

01

關於 ACA 認證

1-1 認識Certiport

Certiport成立於1997，總部位於美國猶他州，是全球最大考試認證中心，除了是Microsoft Office微軟辦公文書軟體的全球考試管理中心，也是Adobe ACA國際原廠認證全球考試管理中心，並提供以實作爲基礎的計算機應用知識與技術認證Internet and Computing Core Certification (IC3)，包含更有效率地應用電腦硬體、電腦軟體以及網路通訊。

其運用實作化認證考試技術與全球標準國際認證，成功提升個人生活品質與升學、就業、職場競爭力。配合聯合國Power Users of Technology(科技善用者)計畫，推動全球計算機綜合能力之標準教學與考核。

翊利得資訊有限公司創立於2000年，以推動國際性專業電腦能力認證爲宗旨，是Certiport在台灣唯一授權總經銷Microsoft台灣國際認證機構，協助國人取得MOS (Microsoft Office Specialist)微軟Office專家認證，是全球通行且微軟唯一認證的全球性證照。

代理項目還包括Microsoft MTA、Adobe ACA、IC3、HP ATA等專業資訊認證科目。

1-2 Adobe Certified Associate認證

全球多媒體領導品牌Adobe與國際專業認證機構Certiport合作推出Adobe Certified Associate專業認證(簡稱ACA)，屬於綜合多媒體規畫及數位設計應用的國際認證，該認證共推出六個專業科目包含Photoshop、Illustrator、Indesign、Dreamweaver、Flash及Premiere，從平面設計技能到數位媒體應用技能一應俱全，對於從事多媒體藝術創作者，無論是行銷企畫、電腦動畫、影片剪輯、網頁設計、藝術創意、室內設計或教育工作等，都能夠從ACA國際認證中獲得核心工作能力及絕佳的應用技能。

1-2-1 Adobe Certified Associate證照優勢

在全球，使用數位通訊技術的工作人員已大幅增長，無論是影像設計、網路行銷、影片製作，甚至其它更多相關行業，擁有Adobe ACA國際原廠證照能幫助使用者在這些令人激賞的新領域中，取得核心的工作能力與絕佳的優勢證明。只要通過ACA認證考試，Adobe即會頒發國際性專業能力證書，證明個人對於Adobe公司的軟體具有充分應用的專業能力與知識，該考試的合格證書將由原廠直接寄發到合格者手上，約莫於考後4~6周即可收到證書。

通過Adobe Certified Associate(ACA)的優勢

- 可取得Adobe原廠認可核發的國際證書。
- 多媒體國際認證，充份展現個人資訊能力不受語言限制。
- 運用實作題檢測，展現個人軟體操作熟練度，可作爲在專業技能上的有利佐證。
- 提昇專案設計規劃與運作能力，可與市場(企業主)需求接軌。
- 設計作品與取得國際認證充份展現個人在職場上競爭優勢。

ACA國際認證對教育人員的關鍵優勢

- 以身作則，獲取ACA認證並提升履歷，同時爲學生取得ACA認證做教育準備。
- 提升學生表現，讓學生透過實際的上機測驗和專業試題提升技能。
- 提供學生在進入職場前，就可擁有企業主都搶著要的專業能力。

ACA國際認證對學生的關鍵優勢

- 透過標準化的測試和考證過程，增加對於最新技能的瞭解與應用。
- 爲升學甄試加分，在眾多學子中脫穎而出。
- 培養第二專長，爲就業或轉職做更多準備。
- 爲求職履歷加分，取得業界認可的證照。
- 除了向未來雇主展現完美的作品之外，更擁有可被檢驗的考證經驗。

1-2-2 ACA認證科目介紹

❖ Adobe Certified Associate(ACA) CC（簡稱ACA CC)

考試科目
ACA Dreamweaver CC
ACA Flash Professional CC
ACA Photoshop CC
ACA Indesign CC
ACA Illustrator CC
ACA Premiere CC（僅有英文版）

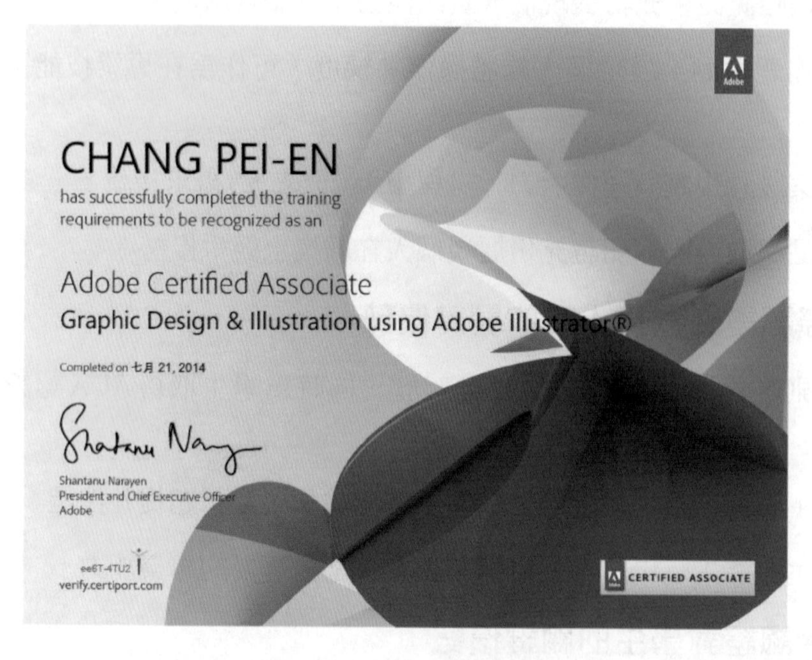

► ACA CS6 單科證書樣式

1-2-3 ACA專家證書介紹

❖ 獲得以下三張證書即可自動升級成為專家證書。

ACA 網頁設計專家
ACA Dreamweaver CC
ACA Flash CC
ACA Photoshop CC

ACA 視覺設計專家
ACA Indesign CC
ACA Illustrator CC
ACA Photoshop CC

TIPS

ACA專家證書需進入Certiport網站下載PDF檔案後自行列印，原廠並不另頒發紙本合格證書。

▶ 圖為ACA 網頁設計專家證書

1-3 ACA適用對象

對多媒體、設計有興趣的學生或社會人士、行銷企畫人員、平面設計師、網頁設計師、教育工作者或是電子商務等各族群的工作人員。

對於想在數位媒體領域追求進階教育的人而言，ACA國際認證提供了必備的知識與技能，對於想要在畢業前就已取得ACA認證的學生來說，擁有ACA國際認證可以提供他們在數位傳媒業領域中，所需具備的就業競爭力與求職優勢。

1-4 考前須知

關於ACA認證

- **考試題型**：試題有中文版、英文版等多種語言，題型包含單選題、複選題、配合題、操作題。
- **檢定方式與時間**：線上測驗，各科考試時間均爲50分鐘。
- **證書核發**：通過該科，即核發該科國際證書(已有ACA國際證書者，欲申請補發或加發證書時，每份酌收工本費NT$350元)
- **分數**：滿分爲1000分，正式考試成績將依照全球參加考試者的成績，採取動態式及格標準，按往例約爲700分及格，依比重會有5~10%的調幅。

考試型態

- **評量的內容**：包括知識性與操作技能。
- **評量的題型**：包括單選題、複選題、配對題、以及實作題。

如何準備

- **產品使用能力**：建議至少學習過產品應用技能課程含操作72小時以上，尤其是基本的實作與產品介面的了解。
- **智慧財產權知識**：產品使用能力以外，最好涉獵智慧財產權的知識尤其是與網路相關的作品素材使用。
- **專案管理問題**：比如接案時會需要考慮到的客戶要求重點。
- **影像知識**：比如影像的輸出入格式與組成要素等。

1-5 Certiport考試帳號申請流程

Certiport採用線上註冊方式，新考生應試前必須透過網路在Certiport網站(http://www.certiport.com)註冊個人資料，請謹慎輸入個人姓名與資料，以避免影響權益。

01 開啓Certiport網站，按下[Register (註冊)] 鈕。

02 設定慣用語言為[Chinese Traditional(繁體中文)]、國家/地區選擇[Taiwan(台灣)]，勾選同意隱私政策與條款，並輸入圖文中顯示的驗證碼(英文一律大寫)，完成後按[下一步]。

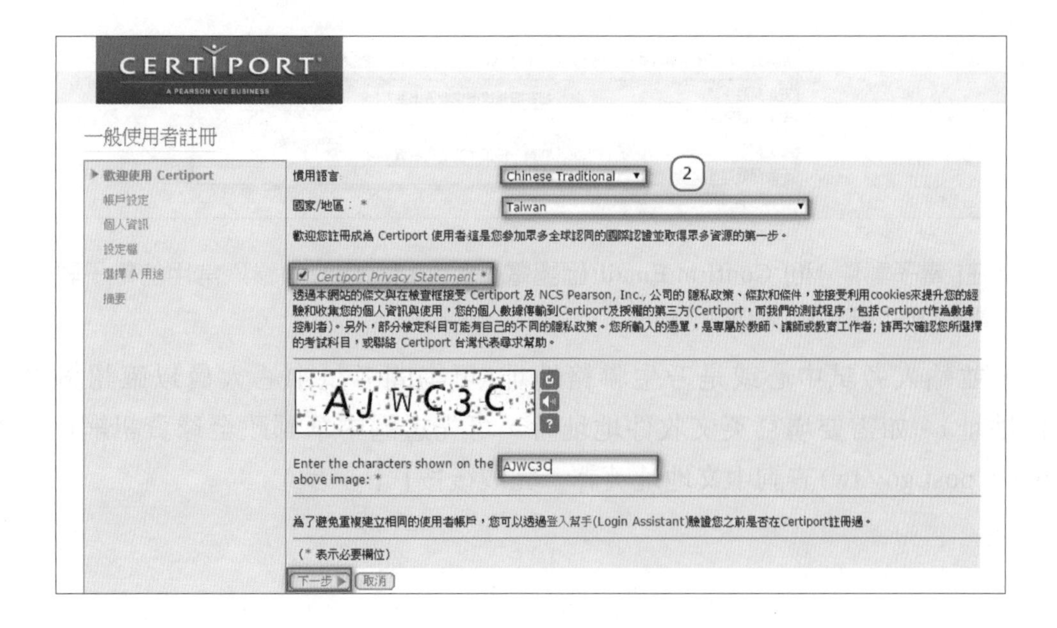

03 在[姓]與[名]的欄位輸入護照英文名稱，如有個人需求也可加入中文姓名。

依序輸入出生日期、[使用者名稱]為考試登入帳號，可使用英文+數字，較建議使用身分證字號作為使用者名稱。密碼若擔心遺忘，也建議使用身分證字號後九碼或是出生年月日作為密碼。

頁面最下方兩個安全提問一定要設定，請謹慎選擇提問與輸入答案，若將來忘記密碼，Certiport會使用此安全提問來辨識你是否為此帳號的擁有者。完成後按[下一步]。

CERTIPORT
A PEARSON VUE BUSINESS

一般使用者註冊

歡迎使用 Certiport
帳戶設定
個人資訊
設定檔
選擇 A 用途
摘要

姓 (範例：王)：* Eliteit
中間名：
名字 (範例：小明)：* Adobe
請確認輸入的姓名正確無誤，因為此姓名將顯示在您的證書上。
Eliteit Adobe

3

出生日期 * 日 1 月 一月 年 2015
如果您忘記您的帳戶(使用者名稱)或密碼，並需要透過自動輔助方式重新取得時，您將被要求提供出生日期以便驗證身份。

登入資訊
使用者名稱：* EliteitAdobe
密碼：* ••••••••
確認密碼 * ••••••••

使用者帳號與密碼長度必須至少六個字母,並不得包含空白. 請注意密碼有區分大小寫
未來您將使用這些資訊在www.certiport.com網站進行登入考試、查閱成績或存取各項工具。稍後您將接獲一封包含前列資訊的電子郵件。請妥善保存您的憑證資訊。

安全問題/回答
如果您忘記了使用者名稱或密碼，您將被要求回答安全問題，以驗證您的身份。
安全問題 1:* 您在哪個城市或地區出生？
安全問題回答 1:* 台北
安全問題 2:* 您第一份工作的公司名稱為何？
安全問題回答 2:* 翊利得

上一頁 下一步 取消

04 在[電子郵件]和[Confirm Email(確認電子郵件)]兩欄位中輸入常用的電子郵件，[電話]與[學生/國家ID]可省略。

並輸入考試中心或是考生聯絡地址(可詢問考試中心人員以確認證書收件地址)。如需要填寫英文收件地址時，可先透過中華郵政全球資訊網(http://www.post.gov.tw)查詢中文地址英譯。完成後按[下一步]。

CERTIPORT
A PEARSON VUE BUSINESS

一般使用者註冊

歡迎使用 Certiport
帳戶設定
個人資訊
設定檔
選擇 A 用途
摘要

連絡資訊
如果您忘記您的帳戶(使用者名稱)或密碼，則需要使用您的電子郵件地址來傳送 Certiport 官方正式通訊文件。Certiport 不會與其他人共享您的個人資訊 (Certiport隱私權政策聲明)。
電子郵件:* EliteitAdobe@gmail.com
Confirm Email:* EliteitAdobe@gmail.com
電話:
學生/國家 ID:
允許 Certiport 透過電子郵件連絡我。

郵寄地址
國家: Taiwan
Eliteit Adobe
第 1 行:* 9F,No.13,Nan Yang St.,Taiwan
第 2 行:
城市:* Taipei
郵遞區號:* 100

備用地址 (可省略)
若您希望將證書或其它官方物品寄送至以上列出的"郵寄地址"之外的地址，請指定備用地址。
指定備用地址
上一頁 下一步 取消

05 接著設定身分與性別，若身分為學生，修學年數7代表高中一年級，10則代表大學一年級，以此類推。完成後按[下一步]。

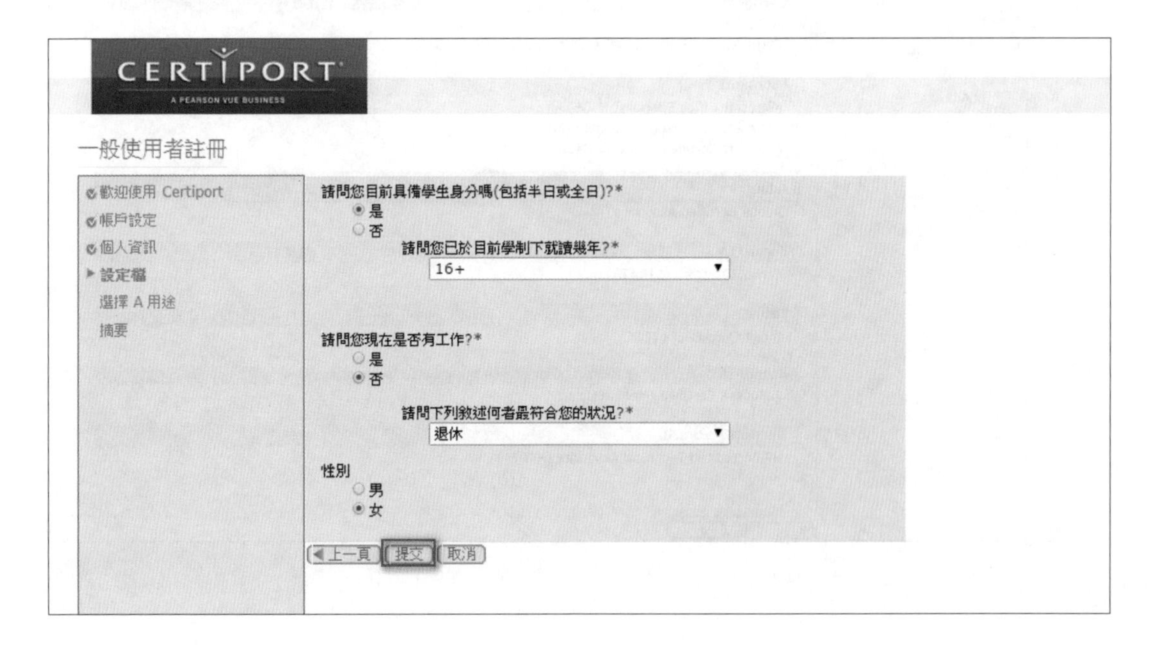

06 勾選[参加考試或準備考試]，完成後按[下一步]。

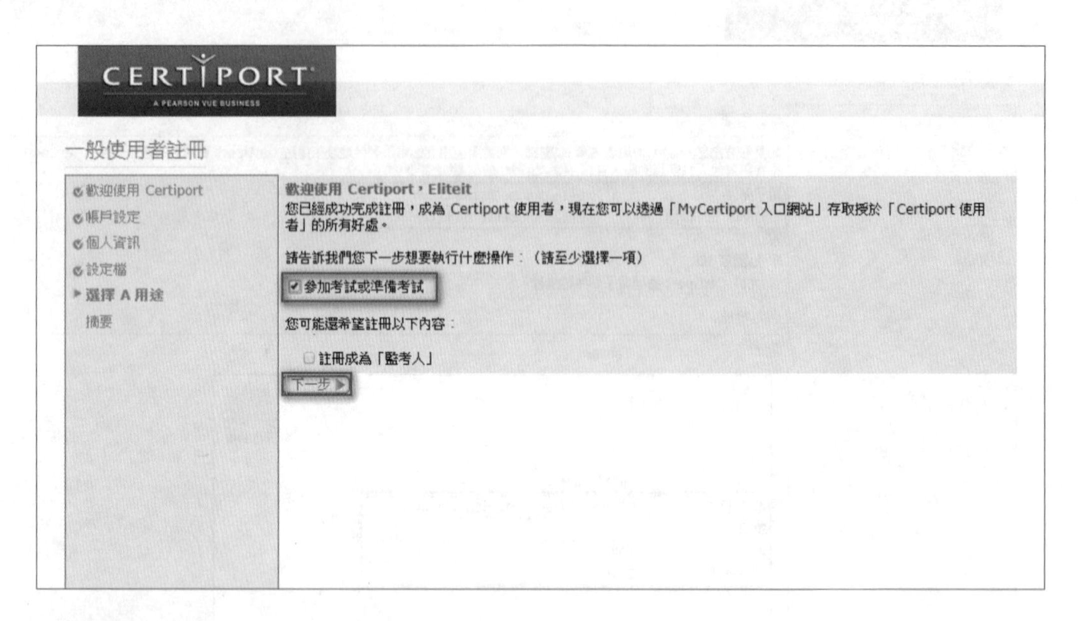

07 選擇準備要考的類別（Adobe），並按下[註冊] 鈕。

08 接著請點選橘色的[保密協定]文字。會跳出一個新的頁面，為「参加考試：保密協定」，閱讀完保密協定後，請按[是，我接受]鈕。

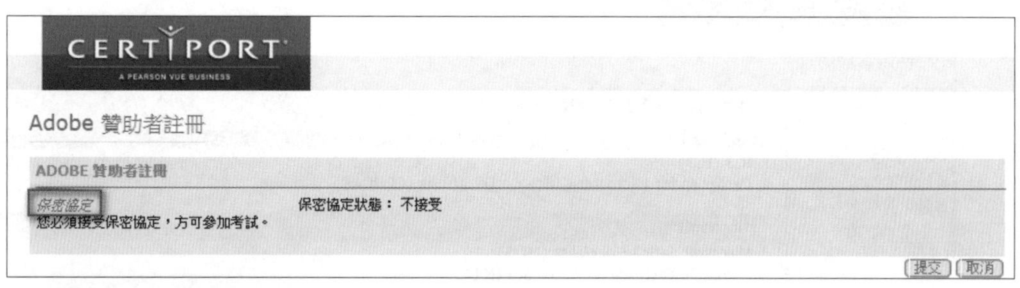

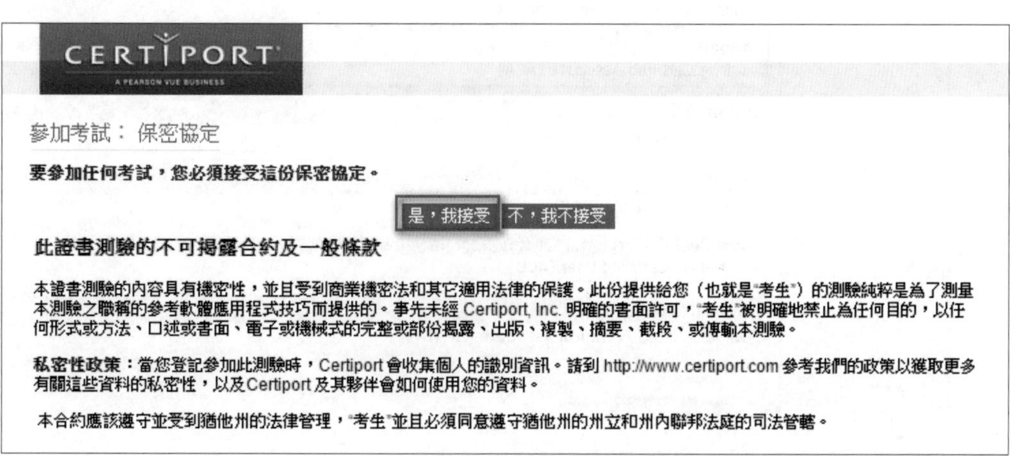

09 頁面會自動跳回[保密協定]頁，可見[保密協定狀態]顯示[接受]，請按[提交]。

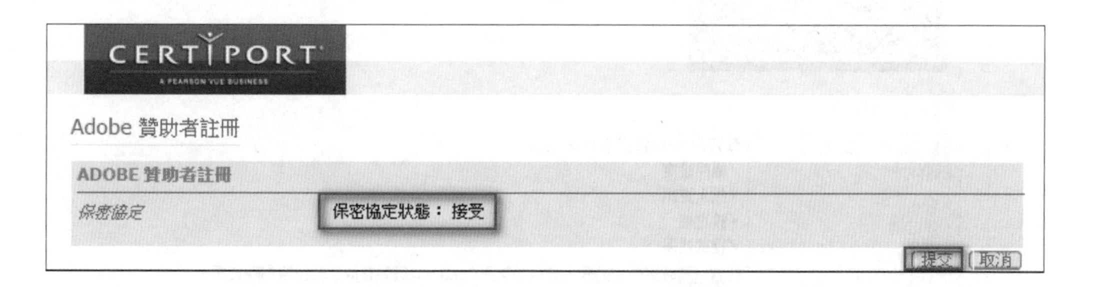

10 回到註冊類別的頁面，可見[Adobe]顯示[您已經註冊]，按[下一步]。

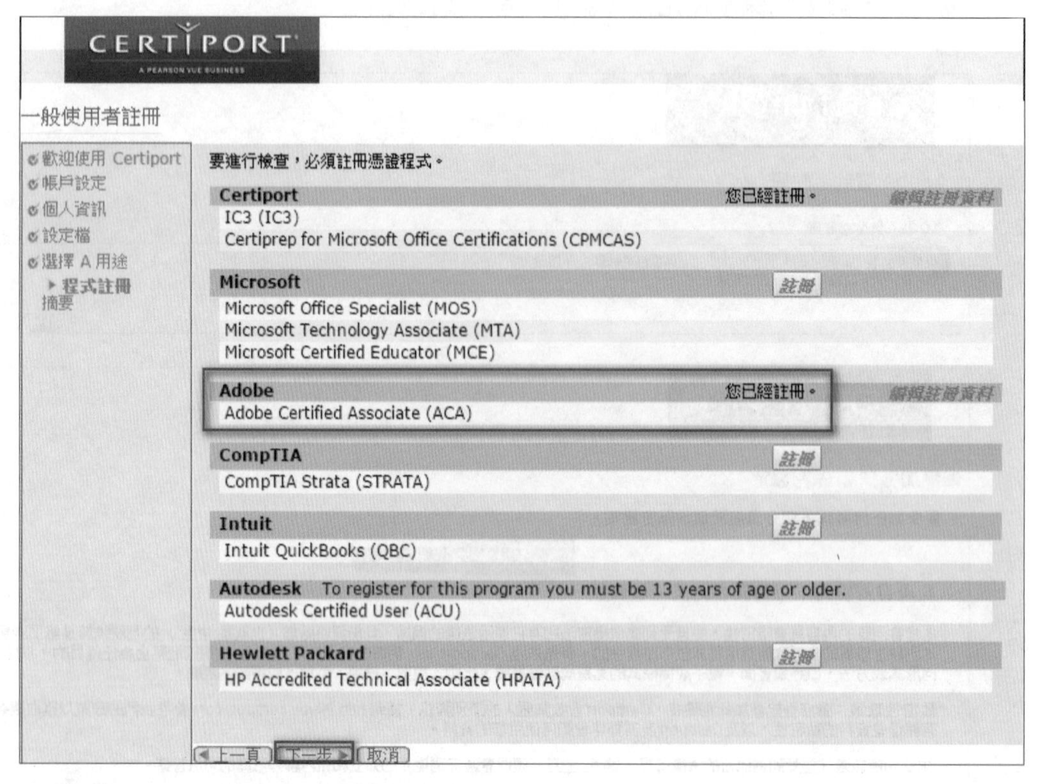

11 最後按下[完成]鈕，即完成考試帳號註冊。

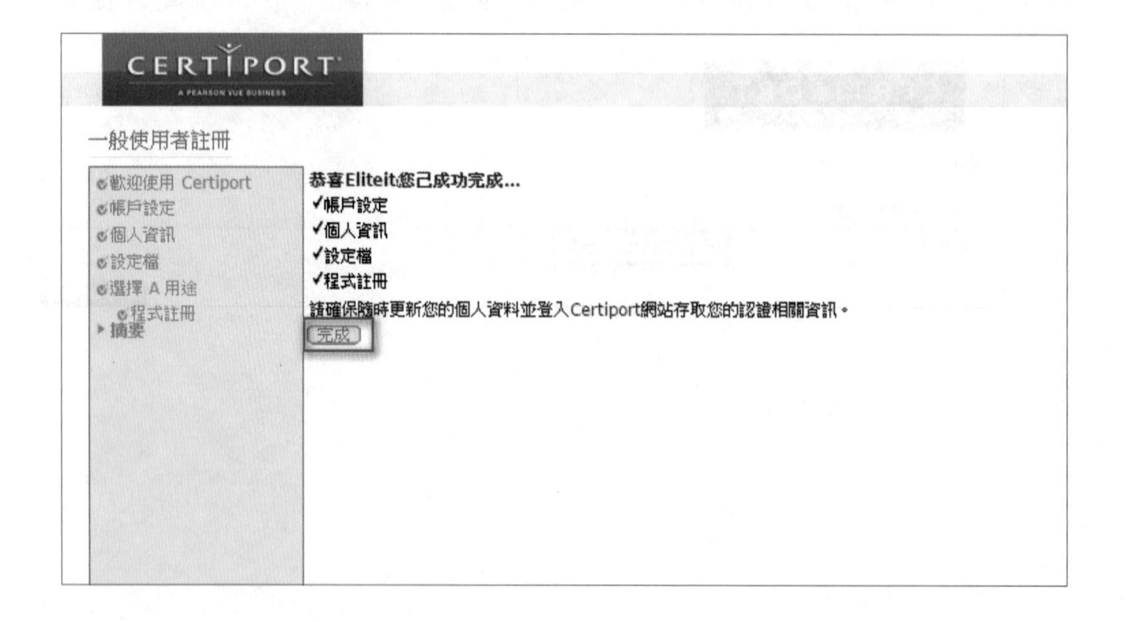

1-6 如何參加認證考試

ACA 合格認證中心統一稱為授權考試中心，又分為以下兩種：

- **校園認證中心**：專門辦理學校單位的教師與學生參加認證考試等事宜，並設有認證課程教學。
- **一般認證中心**：辦理社會人士及學生參加認證考試等事宜，並設有認證課程教學。

1-7 前注意事項

1-7-1 進入考場注意事項

- **身分驗證**：參加考試者，需攜帶有照片之相關個人證件之正本，由考場人員確認身分後方可入場，並依序入座。
- **考生須自行檢查**：(1) 還原語言列 (2) 確認滑鼠與鍵盤可用 (3) 依考試中心監評人員指示操作。

1-7-2 進入考場注意事項

01 在監評人員的指示下，開啓Certiport 線上考試的捷徑，輸入考生的[使用者名稱(考試帳號)]與[密碼]，[計畫(考試類別)]請選擇[Adobe Certified Associate]。確認考試語言為[Chinese Traditional(繁體中文)]，按[登入]。

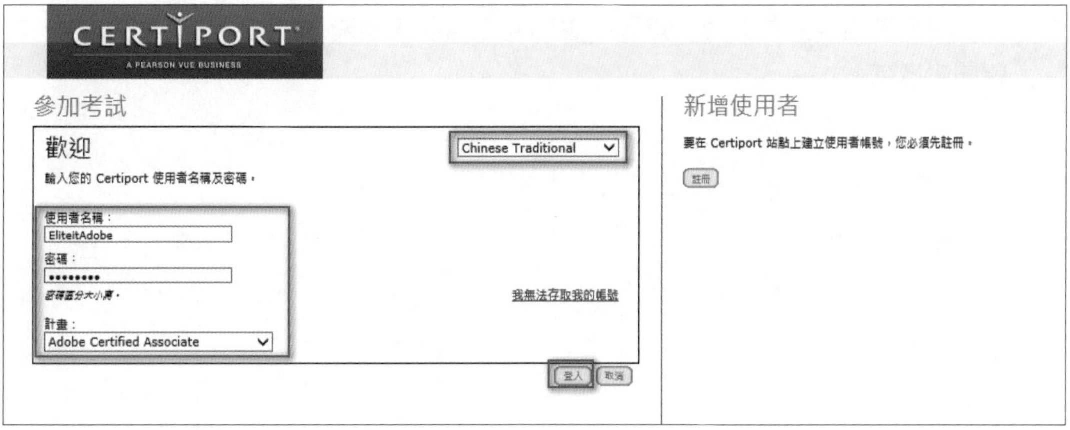

02 考試版本選擇[Adobe Creative Cloud]，因為ACA Illustrator CS6的考試是歸類在[Adobe Creative Cloud]內的。考試選擇[Graphic Design and Illustrator using Adobe Illustrator]，語言為[Chinese Traditional(繁體中文)]。

若監評人員無特別告知設定，則[付費方式]與[考試群組]請保持預設值，切勿自行更改。

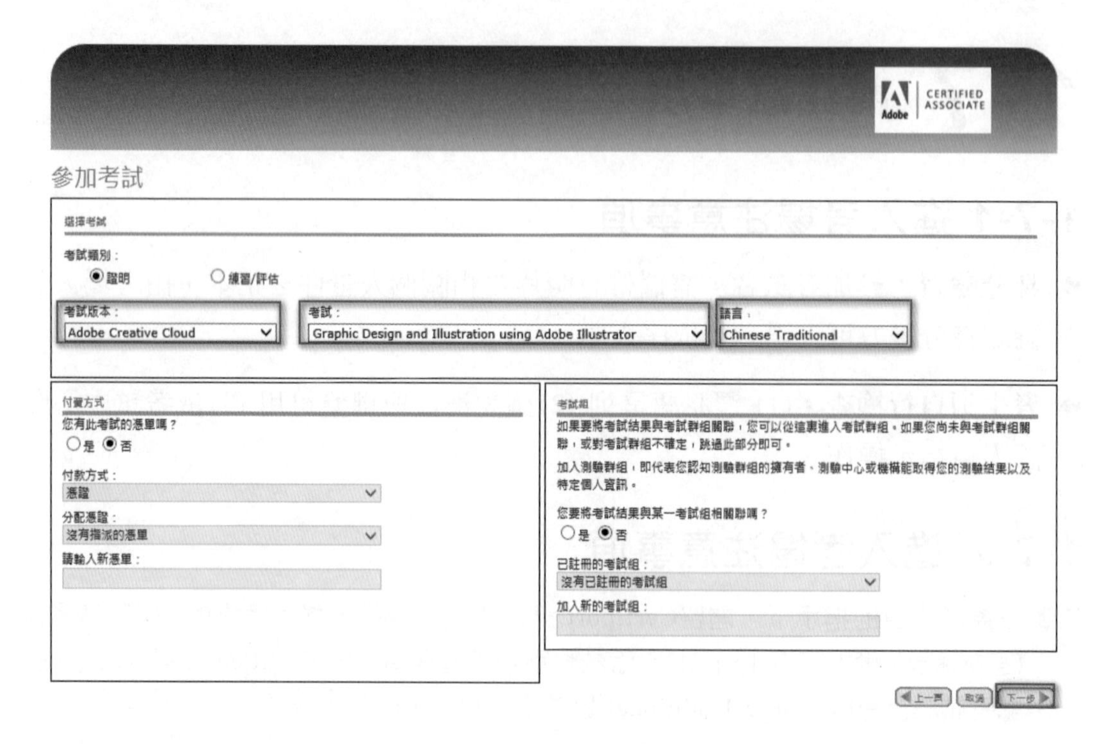

03 接著請確認畫面左邊的考生個人資訊、上方的考試資訊是否正確，若有誤請立即反映給考場監評人員處理。畫面右邊則需由監評人員輸入[監評帳號]與[密碼]，才能開始考試。

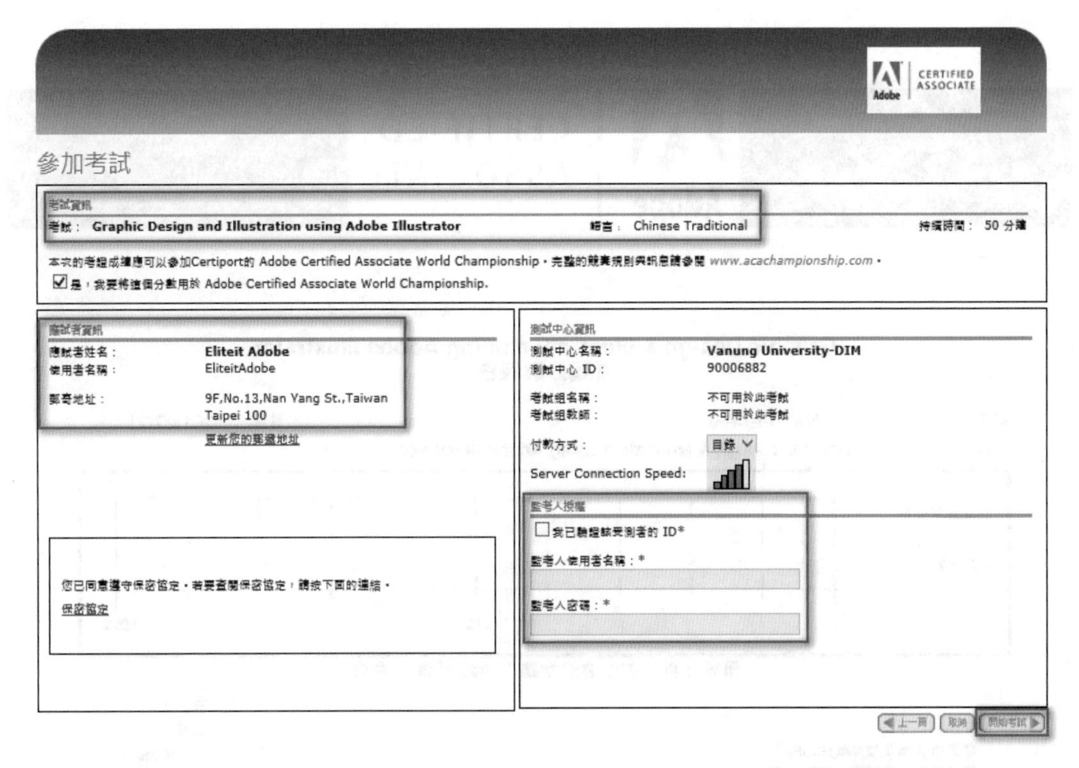

1-8 線上下載合格證書PDF與成績單

考試完成後，會立刻看見考試成績，若是及格，該考試的合格證書將由原廠直接寄發到考場，約莫於考後4~6週即可收到證書。若是急需證照及成績單，也可至Certiport網站下載並自行列印證照副本與考試分數報告。

Adobe CERTIFIED ASSOCIATE

Graphic Design & Illustration using Adobe Illustrator
考試分數報告

考生： CHANG PEI-EN 日期： 2014/7/21
考試： Graphic Design & Illustration using Adobe Illustrator

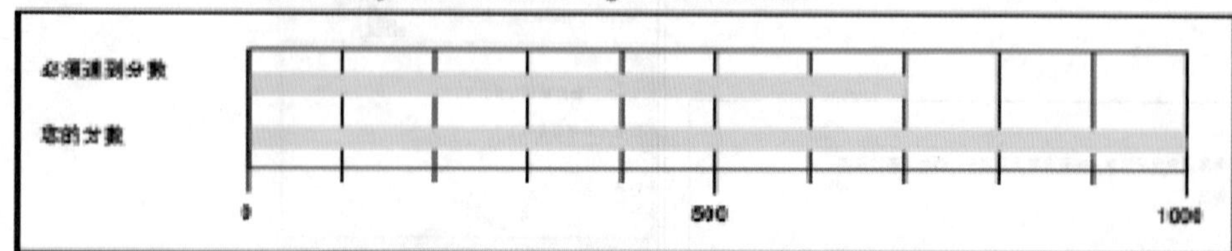

所需分數： 700 您的分數：1000 成績： 合格

區段分析	百分比 正確
設置項目要求使用Illustrator	100%
當準備使用插圖識別設計元素	100%
了解Adobe Illustrator	100%
使用Adobe Illustrator創建插圖	100%
應用程序存檔轉存和發布使用Adobe Illustrator插畫	100%

Adobe Certified Associate 考試認證：

重要！為求精確，請檢查您的記錄。
請用您的測驗用戶名稱與密碼來登入 www.certiport.com。

檢視 http://www.certiport.com/adobe，瞭解有關 Adobe Certified Associate 計劃的詳細資訊。

CHAPTER
02

設定專案要求

2-1 設計概論

2-1-1 目的

每一個不同的設計案都會有不同的主要目的存在，絕對不是隨隨便便就決定進行一個設計案，沒有目的的設計案就像沒有靈魂的娃娃，雖然還是可以製作出成品，卻不會有表達的主題跟內涵。

一個設計案的成型通常是由企業主（或團體或個人）爲了傳達某些訊息給特定目標對象，進而達成宣傳或是行銷等等的目的。這些訊息可能是關於新產品的介紹或上市、新書發表、主題展售會、清倉特賣會等；而目標對象通常就是對上述訊息有興趣的個人或是團體。

而要達成以上目的，就須要靠設計團隊進行設計規劃與執行，設計團隊瞭解越多關於案主以及此設計專案的相關資訊，對於設計案的執行與規劃就能夠更加精準。

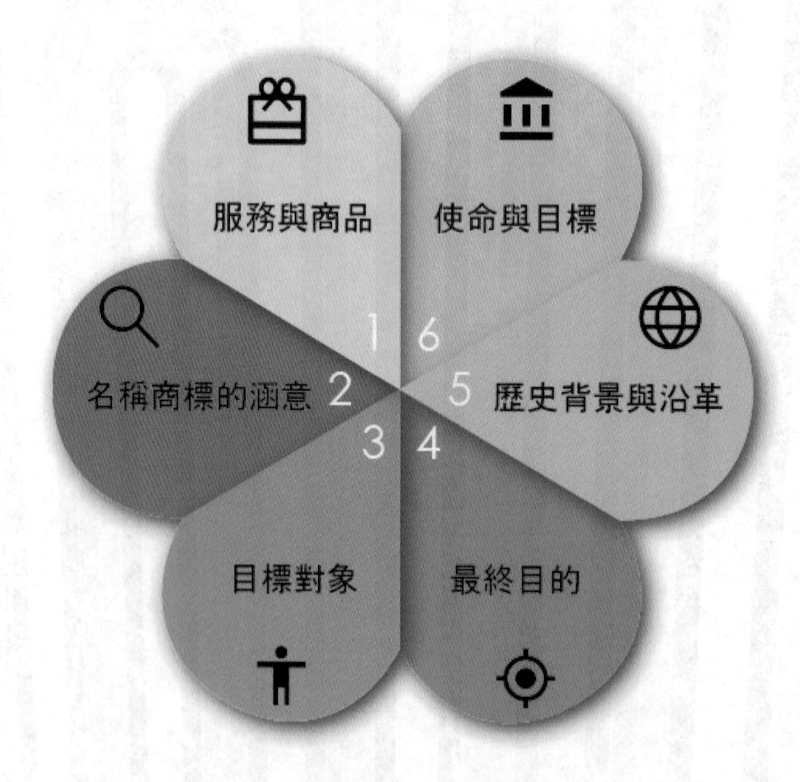

2-1-2 目標對象

所謂的目標對象是指觀看設計作品並接受訊息的人，並且會依照案主的目的而行動，例如愛好漫畫的年輕族群，在看到「喜愛的漫畫拍成電影，並將於下個月上映」這樣的訊息之後，就會進一步到電影院購票欣賞，並可能進一步購買周邊商品；這樣的族群也稱為目標對象。

在設計專案的一開始，設計團隊或是專案經理與業主必須依設計案的目的界定出預定的目標對象，決定目標對象後才能針對目標對象的特性、習慣等進行設計案規劃。

例如，學生族群可能喜歡比較明亮、新潮、流行、活潑的設計感，也通常是網路的重度使用者；在設計上就可以使用比較花俏或是多變化的設計，並且在色彩的使用可以盡量豐富，因為學生族群通常願意多花時間解讀設計內容。

但相對於上班族族群，可以就比較傾向沉穩、簡潔、專業感的設計形式；上班族通常把時間視為需要效率使用的生活元素，因此，進行設計規畫時，要注意是否能讓上班族直接了當的找到想要尋找的資訊，避免浪費過多的時間。

▶ 不同的使用者族群，會擁有不同的習慣，因此，必須針對其特性進行設計

2-1-3 設計專案的關鍵因素

專案經理（The Project Manager）

專案經理負責整個設計專案的成敗，他要負責協調每個參與的功能領域，並且要能夠整合成本、時程，及工作任務的規劃與控制，最重要的，專案經理必須負責與客戶進行溝通，瞭解設計案客戶目的，並分析可能的目標對象，方能進行設計規劃，並且傳達給團隊內的設計人員。

▶ 圖說：溝通工作流程

專案團隊（The Project Team）

專案團隊是由單一，或是數個成員所組成，致力於同一目的的團隊，在設計專案中，專案團隊的任務就是完成專案經理交付的設計任務。

專案管理系統（The Project Management System）

專案管理系統是用來整合專案團隊中「水平」與「垂直」元素之組織結構、資訊流通處理，及規範與程序。在設計專案中，水平元素有可能是動畫師及攝影師等可同時進行的工作內容；而垂直元素可能是影像處理師與排版師等，工作項目有前後關係的元素，因爲影像處理未完成，就無法進行最後的排版。

而執行此管理系統者，當然就是專案經理，套過管理系統的執行，專案經理才能確實掌握專案的執行狀況，也就是一種管理方法。

2-2 影像本身及影像使用的智慧財產權規定

在進行設計的過程當中，設計者會透過各種管道取得各式各樣的影像，例如：坊間的光碟圖庫、網路影像、自行拍攝影像、業主提供影像等。在使用這些影像時，要特別注意該影像是否有受到著作權相關的保護規定，如果沒有弄清楚就誤用他人受保護的影像，就會發生侵權的問題，小則罰款，大則吃上官司。重點就是，影像或任何設計素材，在未取得原作者或是製作權人的正式授權前，我們不應該任意使用之。

常見的智慧財產權相關主題如下：

➡ **「著作權」(Copyright)**：是指受保護的智慧財產權。

➡ **「智慧財產權」(Intellectual property)**：撰寫或創作出的任何作品，可能是：音樂、文字、影像、插圖等。

➡ **「合理使用」(Fair Use)**：著作權法條文的一部分。指的是素材中的某個限定部分可以在未經授權的情況下進行特定用途的使用。例如某些文字作品可以用於新聞報導或是學校作業。而一般的合理使用都會要求使用者在素材上標示來源或創作者的姓名，或是詳細註明引用的來源。

➡ **「衍生著作」(Derivative works)**：是指被變更或修改的受著作權保護資料。此類資料仍然受到著作權保護。如果利用任何方式，像是電腦軟體修改受到著作權保護的影像，修改出來的影像仍然受到著作權保護；也就是說，在取得授權之前仍然不能任意使用這張影像。

➡ **「學術標準」(Academic standards)**：學者與研究人員必須滿足更高的誠信標準，在引用他人的實際文字時需要標示作者或創作者的姓名與來源；在引用文字背後代表的概念或意義時，也同樣需要標示作者的姓名與來源。

➡ **區域網路「參考書目」(Bibliographies)**：是指已被用於研究的資源。當利用他人創作或是研究成果進行自身的研究或設計工作時，需要標示出處。若是參考或使用網際網路上的創作或影像，習慣上會建立影像標示的列表。

有關設計素材或資料使用的重要觀念如下：

在未取得原作者（或智慧財產權所有者）的許可前，不可使用任何受法律保護的素材或資料。

就算未標示©（copyright）符號，素材仍然受到保護。就算沒有任何著作權的相關聲明，仍應該假設所有的素材是受到著作權保護的，至少，我們應該要盡到查證的義務。

2-3 設計專案

2-3-1 開發流程

起始程序（initiating）

在計劃開始之前的階段，由專案經理與企業先就設計案本身的目的做溝通，專案經理還可以進一步了解企業的文化與理念，並對設計案的目標對象與業主做討論分析。

計畫程序（planning）

當專案經理收集到足夠的資訊之後，就可以進入計畫階段，在此階段，專案經理會提出設計構想，或是草稿或腳本，並與業主討論修正。

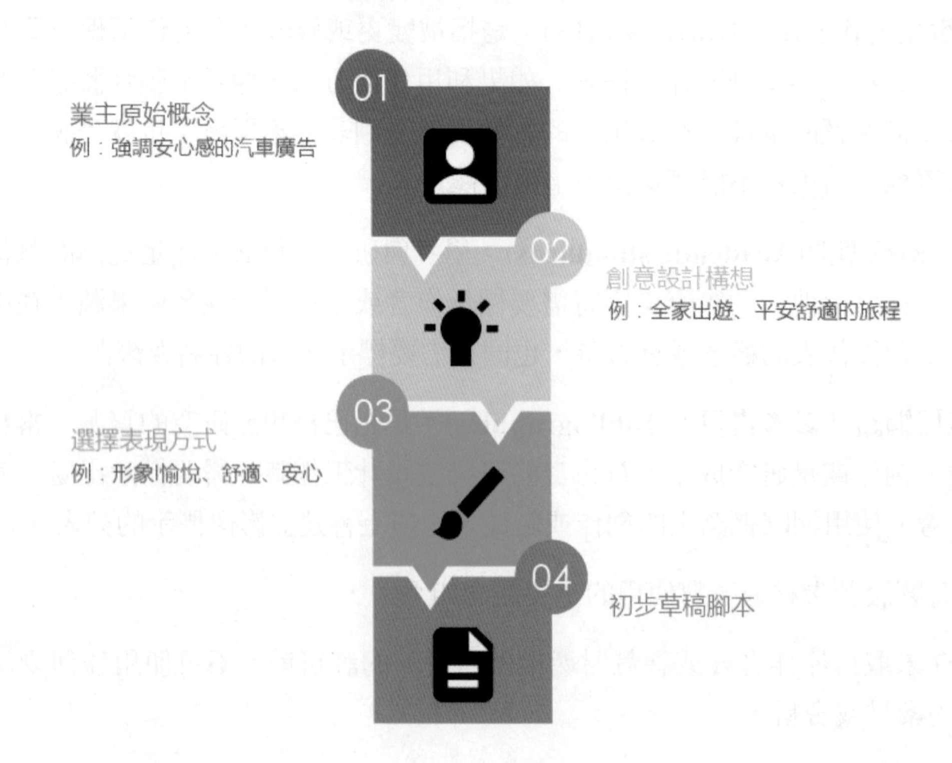

執行程序（executing）

業主認可設計計劃之後，就交付與團隊內的成員執行，並且，專案經理需要做好分工與時程的規劃與安排，俾能使團隊的工作效率提升至最高。此外，在專案執行的過程中，須要設立專案進度的檢查點。

控制程序（controlling）

在設計團隊執行設計案的階段，專案經理必須隨時做好各種掌控、設立專案進度的檢查點，像是：成本、時程、進度、工作協調等，並跟業主做工作簡報，才能在必要時進行進一步的溝通與設計調整。

結案程序（closing）

最後的設計作品完成後，專案經理進行最後的整合，並且將完稿或是印刷成品交與業主，並進行付款結案。

2-3-2 客戶溝通

在規劃階段與業主溝通的最大困境在於，無法將視覺化的印象確實傳達給業主知悉；而業主腦海中的想法也不容易確實傳達給設計團隊，這時我們需要一些方法及輔助的工具，不管會不會用到應用軟體，能溝通的就是好方法。

同樣是指「杯子」，
但是每一個人都可能有不同的想法。
為了能夠精準的溝通，我們必須費神思考不容易出問題的溝通方式。

以下是一些可以嘗試溝通方法與注意事項：

- 提供設計草圖將設計概念視覺化
- 面對面直接進行溝通，而不要透過聯絡人
- 在溝通重要的設計概念或是細節時，不要使用電話或是電子郵件
- 電話或是電子郵件只用來做簡單的想法或是修改意見上的溝通
- 製作數種樣板稿給業主挑選及討論
- 樣板搞可以用手繪方式製作，或是利用美工軟體製作

自我評量

✦是非題

( ) 1. 專案經理在整個設計專案中，是最重要的關鍵人物。

( ) 2. 針對不同的目標對象(例如幼童玩具和旅遊商機)，需要規劃不同的設計目標。

( ) 3. 從網路下載的圖像，不須經過原作者授權即可使用。

( ) 4.「衍生著作」(Derivative works)：是指被變更或修改的受著作權保護資料。此類資料仍然受到著作權保護。

( ) 5. 專案管理系統是用來整合專案團隊中「水平」與「垂直」元素之組織結構、資訊流通處理，及規範與程序。

( ) 6. 在和業主溝通的過程中，可以佐以草圖、手稿、文字敘述來加強設計概念的溝通與協調。

( ) 7. 在計畫程序中，專案經理會提出設計腳本、草圖、文案等與業主討論。

✦選擇題

( ) 1. 您正在建立鄰里慈善籌款活動的傳單，您必需知道有效地建立傳單是哪兩件事？（請選擇兩個答案）。 (A)募捐人的總預算 (B)鄰里的人口統計 (C)募捐的形式 (D)出席者的教育水平

( ) 2. 為了確保設計專案能滿足客戶的需求，哪三項是你應該要做的？（請選擇三個答案）。 (A)定期更新客戶的設計進度 (B)在最後交付時展示設計更改 (C)任何變更項目的範圍需得到客戶的認可 (D)提供模擬的草圖協助將客戶設計視覺化

( ) 3. 哪個選項是開始管理一個新專案的最佳請選擇？ (A)任何事情之前，您應該定義專案項目的範圍。 (B)撰寫相關計畫 (C)組織專案團隊 (D)與客戶商談所有注意事項與計畫

( ) 4. 一般來說，在與客戶溝通時，最重要的是？ (A)使用簡單和容易理解的語言 (B)在專案最後提出設計變更 (C)認定專業 (D)僅使用EMAIL進行溝通

NOTE

CHAPTER 03

準備圖形使用的設計元素

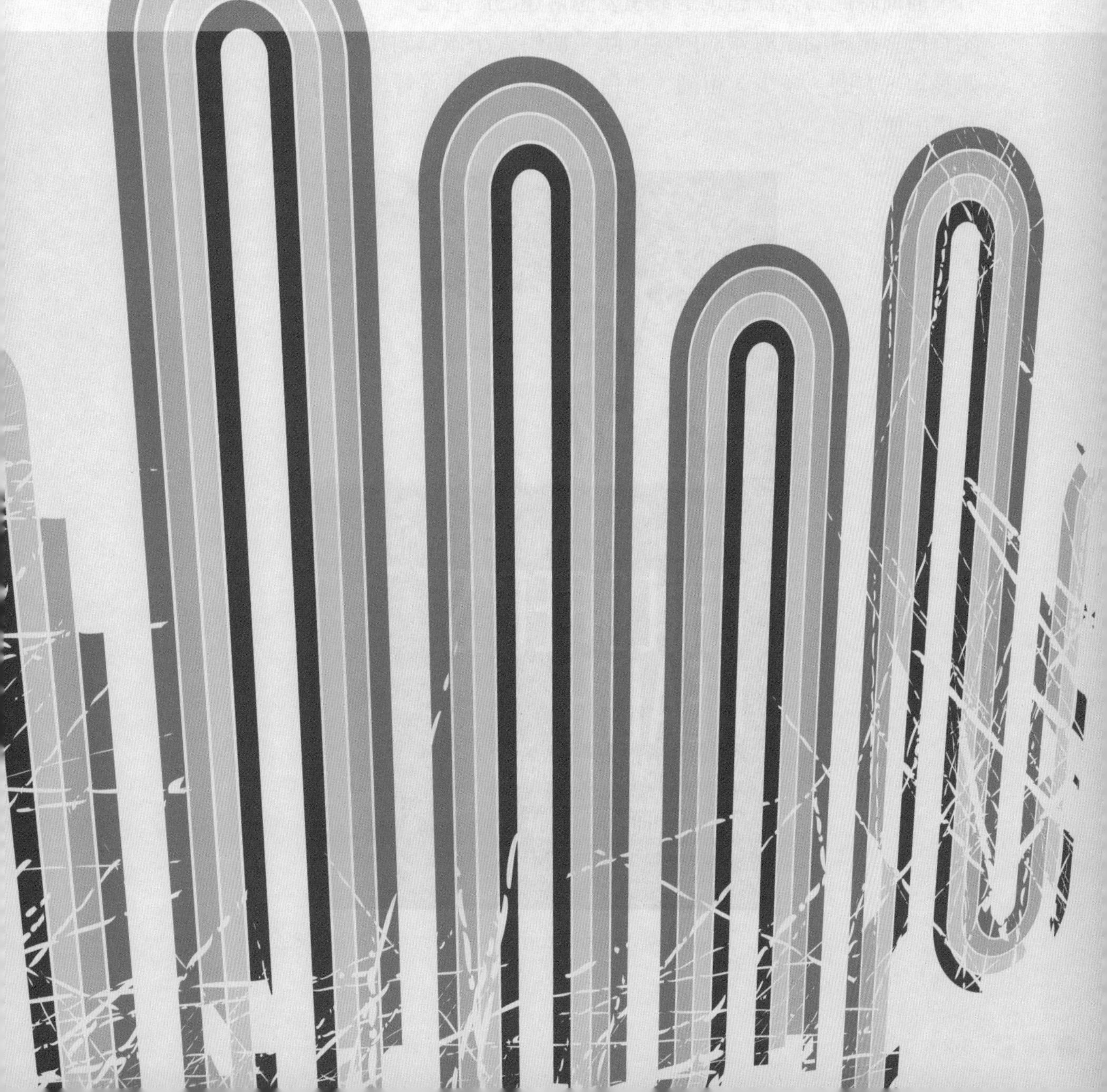

3-1 設計原則

3-1-1對比

對比主要是用來營造一種強烈的印象，目的是為了吸引瀏覽者的目光，也就是所謂的視覺入口。例如將海報的標題以非常大的字體呈現，引起來往人群的注意，使海報的內容訊息有更高的機率被注意及閱讀。

如下圖的海報，即利用文字大小的對比，讓使用者的目光被海報的標題吸引，而同時此海報標題也是最主要想傳達的訊息之一，藉此讓使用者注意後，能有機會繼續閱讀海報的內容。除了使用大小做為對比的方式之外，也能使用如長短、方圓、多少、粗細、黑白、輕重及明暗等等不同的方式，甚至可以相互搭配使用。

▶ 來源：https://www.flickr.com/photos/snre/6967499897/

3-1-2對齊

對齊的功能是在做視線的引導，瀏覽者的視線經由對比的入口進來之後，就需要有對齊功能的路徑，引導瀏覽者按照順序閱讀其他的內容。這裡所謂的對齊，並不單純指直線的對齊，廣義上來說，只要能構成引導視線的路徑，就可以稱爲是對齊原則的運用。

在下面的例子中，設計師利用七支武士刀的線條，將使用者的目光加強引導至這部電影的名稱，並用隱喻的方式凸顯出電影的主題。

▶ 來源：https://www.flickr.com/photos/sketchink/5571814244/

3-1-3重複

重複是指讓相同或類似的顏色、字體、樣式、文字或圖樣等重複出現，這種設計可以營造一種整體秩序感，進一步形成一種固定的節奏或風格，讓使用者很產生更鮮明的印象或是自然的接續閱讀文件的內容。

如右圖的範例利用排列整齊的相同圖樣營造出秩序與整體的風格。

▶ 來源：http://jdshepherd.deviantart.com/art/The-Yellow-Umbrella-308730443

3-1-4分類

分類指的是將相同或是類似屬性的資訊或元素集中排列，讓使用者在閱讀文件時能有邏輯的接收資訊，也能讓使用者在尋找特定資訊時更加快速。

如名片的設計，通常會將名片擁有者的連絡資訊集中放置，若使用者要找尋連絡電話的資訊時，就能夠集中在此區塊尋找，而不需要將目光到處游移搜尋。

▶ 來源：http://freshbusinesscards.deviantart.com/art/Modern-Business-Cards-165690246

3-1-5對稱

對稱通常是爲了製造出一種絕對的靜態平衡，進而使影像構圖擁有穩定的感覺，也就是使影像的重心存在一個最爲恰當平衡的位置，而進一步又可以再分成各種不同的對稱形式如下：

▶ 對稱平衡

▶ 不對稱平衡

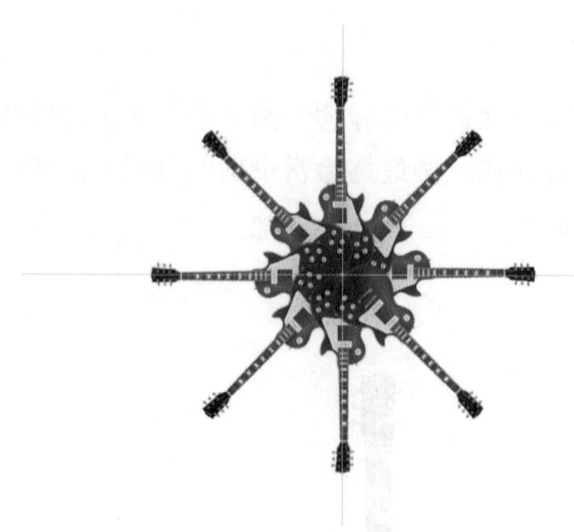

▶ 放射狀對稱

3-1-6三分構圖法

構圖是影像排列的基礎，透過點、線、造型等基本元素的利用，可以在設計過程中，創造出某些視覺上的特質，進而引導瀏覽者在視覺上的辨識，或是傳達整體的完整感。常用的影像構圖方式有很多，本節介紹最重要且常用的兩種基本構圖方式：

單點三分法

三分構圖有分成水平三分法、垂直三分法及兩者重疊的九宮格構圖。

水平線構圖

當影像中有出現海平面或是地平線時，會將影像分割成上下兩塊，而一般使用者很習慣的會將水平線放在影像中央，這樣的構圖方式可能流於呆版，因此我們可以利用上一小節所述的三分法，將水平線放置在影像約三分之一或三分之二的位置，使影像的構圖，更爲活潑。

3-2 完形心理學

完形心理學是心理學重要派別之一，源起於20世紀初的德國，其學派又稱爲格式塔學派（Gestalt）。是由三位德國心理學家在研究似動現象的基礎上創立的。Gestalt的意思就是「模式、形狀、形式」等，指的是「動態的整體（dynamic wholes）」。

完形心理學認爲人腦的運作原理是整體而非個別，最重要的觀點就是「整體並不同於其部分的總和」。例如，我們對一台汽車的感知，並非純粹只是從對汽車的外觀、顏色等感官資訊而來，還包括我們過去的經驗和印象，加起來才是我們對一台汽車的感知。

閉合律

觀察事物的時候，通常會將許多個獨立的元素，視爲一個封閉的圖案。就算是一個不連續的圖形，大腦也會自動填補元素和元素間的空白，形成不存在的線段。

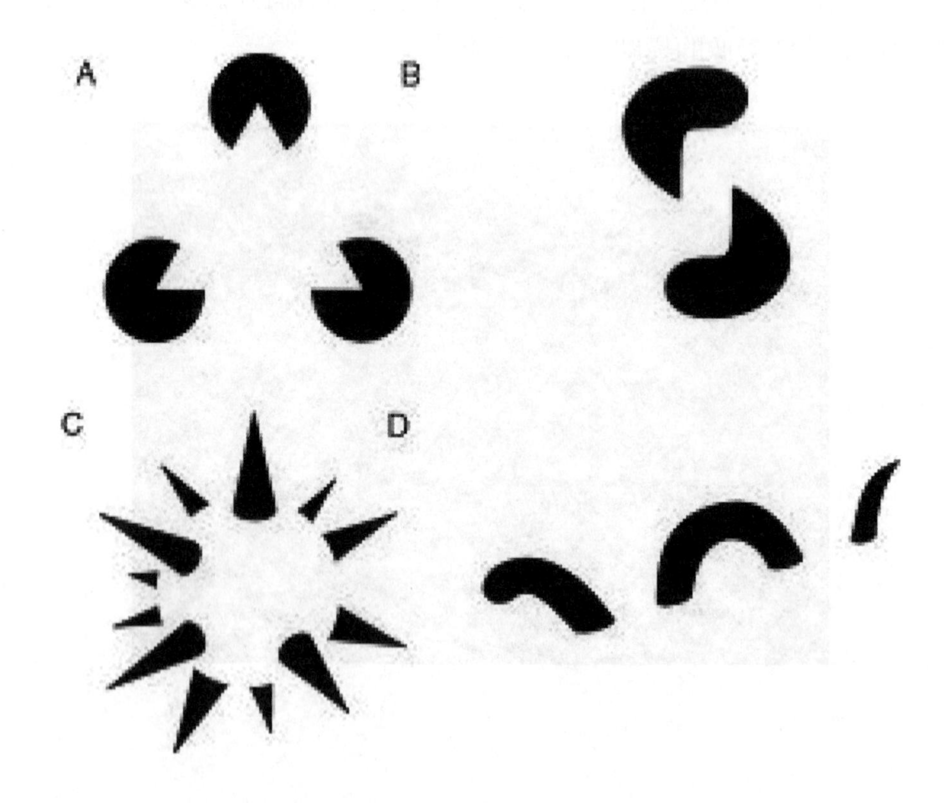

相似律

觀察圖像時，大腦會自動把相似的事物歸類爲一體，當一連串不同色的圓形並排時，我們會看成一列白色圓形與一列黑色圓形橫向交互排列，而不會看成直向排列。也就是相似性讓我們的大腦傾向組織相似的視覺元素甚或是任何事物。

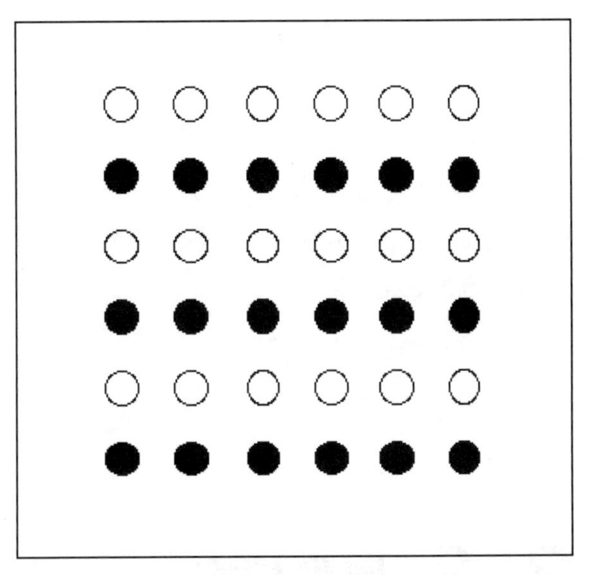

接近律

除了利用外觀等因素做分類外，大腦會更傾向將位置臨近的視覺元素歸類爲一體，接近性在使用者介面設計中是常常使用的一種特性，也跟設計原則中的「分類」原則有著相同的作用。

連續律

我們也會傾向將視覺元素看成連續的形體，如右圖雖然是由兩把鑰匙構成，但更鮮明的是我們會理解成一個交叉的X造型。這通常是因爲與不連續的視覺元素相比，大腦處理連續視覺元素具有較高的敏捷性。

3-3 圖像檔案

向量圖

向量圖形是電腦利用點、直線或多邊形等的數學運算方式儲存的影像。例如，決定圓心位置與半徑長度，就可以畫出一個正圓形；決定三個點的位置，就能構成一個三角形。

向量圖形最大的特點是，因爲是用數學的方式做紀錄，所以影像可以無限制的放大縮小，而不會影響影像的品質

點陣圖

點陣圖就是使用陣列網格的方式紀錄影像，每一個格子填入一種顏色，格子數越多，影像呈現就越細膩，一般數位相機規格中所謂的像素，就是陣列網格的數量。

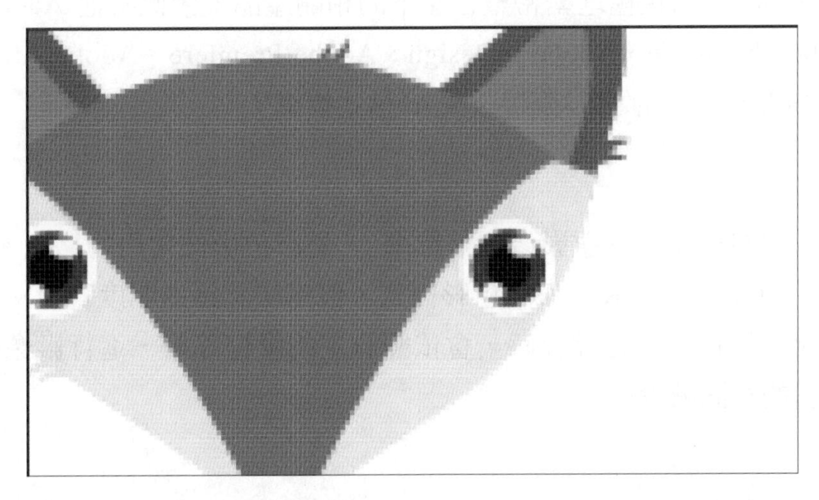

點陣圖的品質通常由解析度決定，解析度也就是每單位長度中，包含的像素數量。在Adobe 軟體系列中使用的解析度單位是ppi。ppi的全名是Pixel Per Inch（每一英寸長度中所包含的像素數量），例如如果在一英寸的單位長度中，有100個像素，則解析度就是100ppi。

例如500像素x500像素的影像，在解析度50ppi的設定下，尺寸爲10英寸x10英寸；若在解析度100ppi的設定下，則爲5英寸x5英寸。

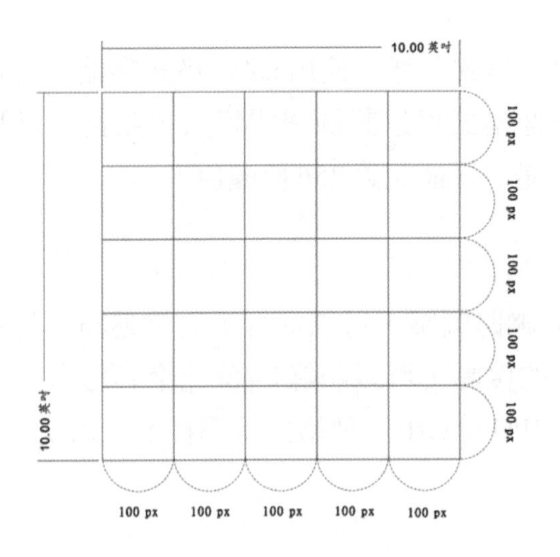

3-3-1 圖檔格式

AI

AI是Illustrator預設的檔案格式，可以支援所有 Illustrator 的功能。

因爲Adobe公司積極地緊密整合旗下的相關產品，因此其他 Adobe 應用程式如 Adobe Photoshop、Adobe InDesign、Adobe Premiere、Adobe After Effects與 Adobe GoLive等，都可以直接讀入AI格式檔案。

JPG

JPG、JPEG就是「靜態影像壓縮標準」，是數位影像常用的格式。JPEG 格式可以使用RGB、CMYK或灰階色彩模式，但無法記錄透明度資訊。這種格式可以記錄全彩影像並且在儲存時，會依照設定的壓縮等級，進行影像的壓縮，使檔案所占的空間減少。

TIFF

TIFF 或 TIF稱爲標記影像檔案格式，是一種富有彈性的點陣圖影像，大部分的應用程式都支援此種格式；此外，幾乎所有的影像輸入裝置都能製作TIFF影像。

TIFF 格式能支援CMYK、RGB與灰階影像，而且Photoshop 也可以將圖層儲存於 TIFF 檔案中。TIFF格式本身不具有壓縮功能，因此儲存的檔案大小會比JPEG龐大許多。

GIF

GIF稱爲圖形交替格式，通常使用LZW格式壓縮，可以最小化檔案大小。GIF格式可以這種影像格式可以記錄透明資訊，並且可以製作成簡單的影格動畫。唯一美中不足的是，僅能記錄256種顏色。

PNG

PNG稱爲可攜式網路圖案，可以進行不失眞壓縮並且在網頁上顯示。這種格式兼具JPG與GIF的優點，可以記錄24位元全彩影像，也能記錄無鋸齒邊緣的透明背景。PNG、JPG與GIF三種格式是網頁上可以使用的三種影像格式。

PDF

PDF是一種可攜式文件格式，這種格式具有彈性與跨平台瀏覽的優點。由於PDF檔案以 PostScript 影像模型爲基礎，所以在不同平台間，能夠以正確的方式顯示各種字體、版面與影像，也能夠設定文件搜尋與瀏覽的功能。在Photoshop中開啓檔案時，向量與文字內容會被點陣化，同時保留像素內容。

RAW

使用數位類單眼相機或數位單眼相機拍攝，未經影像處理引擎處理過的原始影像格式，非常適合做進一步的後製，因爲在RAW檔後製可以不傷害原始畫質與解析度，不過一般的影像處理軟體無法直接開啓RAW檔，Photoshop也僅有CS以上版本才能開啓與後製。因爲RAW檔是未經壓縮的原始檔案格式，所以此種檔案非常占空間。

中繼資料

是一組說明檔案相關資訊的資料，像是作者名稱、解析度、色彩模式、著作權、所有權等。 一般來說、大多數的數位相機即影像處理軟體都會在影像檔案中加上相關的基本資訊，例如長度、寬度、檔案格式、光圈、快門速度、ISO值及拍攝影像的時間等。

3-4 文字分類

每一份作爲視覺傳達功能的平面設計作品，除了影像之外，通常也會加進文字做輔助，因此除了影像設計的技術與概念之外，使用者也必須對文字的屬性有所了解。

3-4-1中文字體分類

- **宋明體**：宋明體是早期活版印刷時代流傳下來的字體，這一類字體的特徵是，直筆粗，橫筆細，而且每一個橫筆，在最右邊會留下一個實心的三角形，作爲橫筆磨損後的識別之用，這一類的字體因爲視覺重量較輕，適合用來閱讀，因此絕大多數書籍的本文或是網頁上的大量文字，都會使用宋明體作爲該文字的字體。

國際認證　國際認證

▶ 新細明體　▶ 仿宋體

➡ **黑體**：黑體字的特徵是直筆跟橫筆的粗細都相同，並且沒有特殊的裝飾，這一類的字體視覺重量較重，容易形成強烈的對比感，因此常被設定在標題文字上。

國際認證　國際認證

▶ 黑體　▶ 圓體

➡ **書寫體**：書寫體是中國傳統書法字體，因為具有強烈文化風格，因此常被使用在有中華文化風格的版面上，此類字體種類繁多，因為在歷史的演變中，有許多的書法名家，也造就了中文字書寫體多變的風格。

國際認證

▶ 標楷體

國際認證

▶ 行書

國際認證

▶ 篆體

國際認證

▶ 瘦金體

➡ **其他字體**：不屬於以上三類的字體，統一歸類爲其他，除非在特殊的設計需求下，否則很少使用。

國際認證

▶ 勘亭流

國際認證

▶ 少女體

國際認證

▶ POP體

3-4-2英文字體分類

➡ **襯線（serif）**：襯線體類似中文字體中的宋明體，在每一個筆畫的開頭與結尾處通常有彎曲的小襯線，並且筆畫有不同的粗細變化，這一類的字體也是適合拿來閱讀的字體。

New Roman

Bell MT

➡ **非襯線（sans serif）**：非襯線體類似中文字體中的黑體，筆畫粗細通常一致，並且沒有襯線的裝飾，也是一種適合當作的標題的字體。

Tahoma

Arial

➡ **書寫體：**雖然國外沒有書法藝術，但仍然有很多的英文字體是模擬鋼筆手寫的感覺，此類字體就是書寫體。

Rage Italic

BERKLEY

➡ **歌德體：**歌德體是歐洲活版印刷發展歷史中，所發展出的印刷字體，其中可以再分爲古歌德與新歌德，古歌德的變化繁複，最早期是由修道院所使用，而新歌德類型則加進許多現代化的元素，使字體呈現出強烈的設計感。

GothicE

GothicG

✦是非題

(　　) 1. Gestalt的意思就是「模式、形狀、形式」等，指的是「靜態的整體」。

(　　) 2. 對稱通是為了製造出一種絕對的靜態平衡，進而使影像構圖擁有穩定的感覺。

(　　) 3. 將向量圖放大或縮小時，會影響到影像本身的品質，因此使用點陣圖繪製LOGO較佳。

(　　) 4. 數位相機、電腦、手機等所顯示的影像，是點陣圖。

(　　) 5. GIF格式可以記錄256種顏色。

(　　) 6. 英文字體中的襯線體(serif)類似於中文字體中的宋明體，在筆畫的特徵是直筆與橫筆的粗細都相同，沒有特殊裝飾。

(　　) 7. JPG、JPEG無法記錄透明度資訊，但可設定壓縮等級進行影像壓縮。

(　　) 8. RAW檔是指未經影像處理引擎處理過的原始檔案格式。

✦選擇題

(　　) 1. 三分法則的來源是？　(A)設計原則　(B)黃金比例　(C)完形原則　(D)透視原理

(　　) 2. 下列哪一項是屬於視訊格格式？(A)SVG　(B)PNG　(C)MPEG　(D)BMP

(　　) 3. 哪一種影像類型可以任意縮放而不影響影像品質？　(A)Raster　(B)Bitmap　(C)Vector　(D)Scale Image

(　　) 4. 以下何者不是設計相關原則？　(A)對比　(B)對齊　(C)接近　(D)重複

(　　) 5. 以下哪些是設計要素？(請選擇兩個答案)　(A)顏色　(B)形狀　(C)樣式　(D)手續

(　　) 6. 哪三種影像類型有解析度的設定？(請選擇三個答案)(A)RAW　(B)Vector　(C)Bitmap　(D)Raster

(　　) 7. 下列何種影像格式何者不屬於全彩圖檔？　(A)JPG　(B)PNG　(C)GIF　(D) TIFF

(　　) 8. 製作成網頁用的影像時，應使用何種色彩模式？　(A)LAB　(B)CMYK　(C)HSB　(D) RGB

(　　) 9. Illustrator預設的檔案格式是？　(A)PSD　(B)JPG　(C)AI　(D)EPS

(　　) 10. 500像素x500像素的影像，在解析度50ppi的設定下，尺寸為？　(A)10英寸x10英寸　(B)5英寸x5英寸　(C)25英寸x25英寸　(D)50英寸x50英寸

NOTE

CHAPTER

04

了解 Illstrator 介面

4-1 了解 Illustrator 介面

4-1-1 軟體介面

Illustrator的功能強大且複雜，除了繪製一般的向量插圖以外，也可以製作動畫或是建立簡單的3D效果等，透過Illustrator界面的各項操作功能，使用者可以完成各式各樣的繪圖作業。因此在開始作業之前，使用者必須要熟悉Illustrator的各種操作界面，才能在作業過程中得心應手並徹底發揮Illustrator的強大功能。當然，ACA國際認證的考試範圍除了基本與進階的軟體使用技巧之外，操作界面的熟悉也是試題中很重要的一個部分，以下就工作區的部分進行介紹。

進入Illustrator的界面中，Adobe軟體介面在近幾年版本的最大改變就是軟體環境的配色跟之前有非常大的不同，整體的色系轉爲比較暗的顏色，除了提升專業感之外，也能夠讓使用者的眼睛比較不容易疲勞，而承受更長時間的工作。

4-1-2 應用程式列

在前幾次的改版中，軟體開發團隊就已經把原屬於Windows架構下的標題列，做了調整，讓標題列與軟體界面融為一體，並且賦予簡單而重要的功能。到了CS6，研發團隊更進一步把應用程式列除去，直接將功能表列留在原來的位置中，讓整個介面更加簡潔。

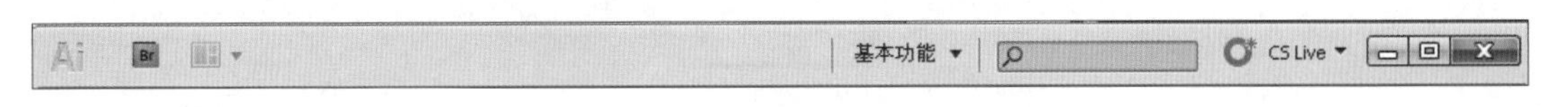

▶ CS5版本的應用程式列

4-1-3 功能表

功能表中包含了Illustrator裡的各項功能，對於Illustrator的使用者來說，能夠熟悉功能表中各項功能的操作方式與原理，將會對軟體使用有很大的幫助。功能表分述如下圖：

Ai 檔案(F) 編輯(E) 物件(O) 文字(T) 選取(S) 效果(C) 檢視(V) 視窗(W) 說明(H)

➡ **檔案功能表：**主要功能為處理檔案存儲、轉換等相關操作。

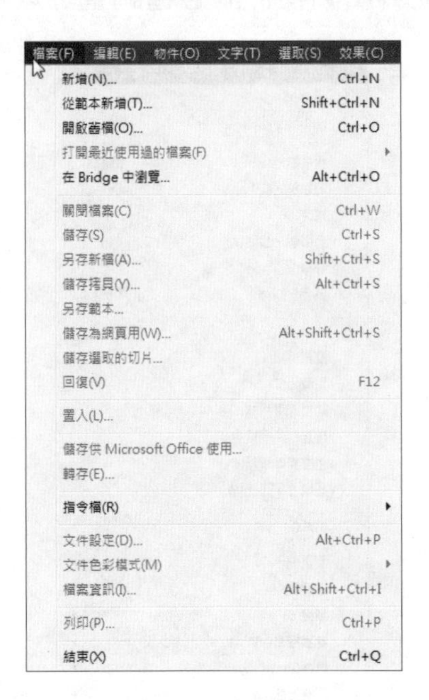

➡ **編輯功能表**：主要功能為檔案的基本編輯功能，如拷貝、貼上、色彩設定。

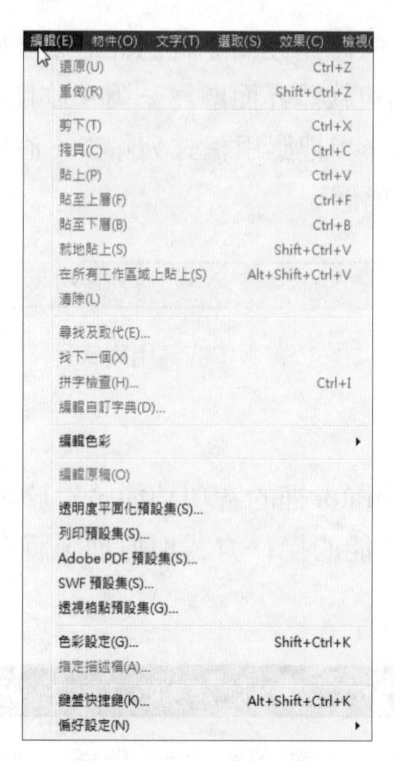

➡ **物件功能表**：主要功能為繪圖物件的各種調整，以及變形等操作。

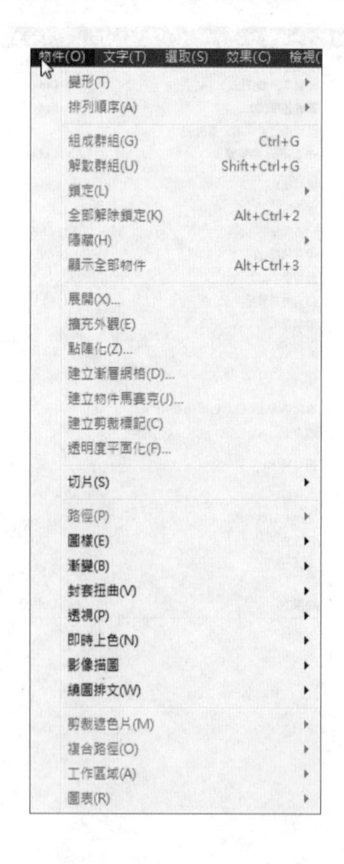

➡ **文字功能表：**主要功能爲文字的相關設定，如各種字形效果、轉換等功能。

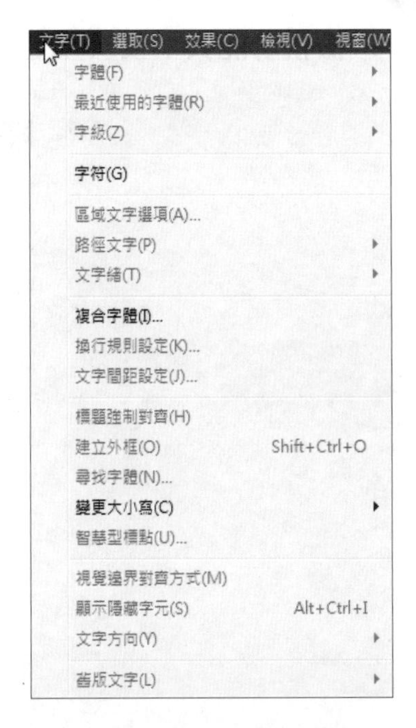

➡ **選取功能表：**主要爲繪圖物件的選取功能。

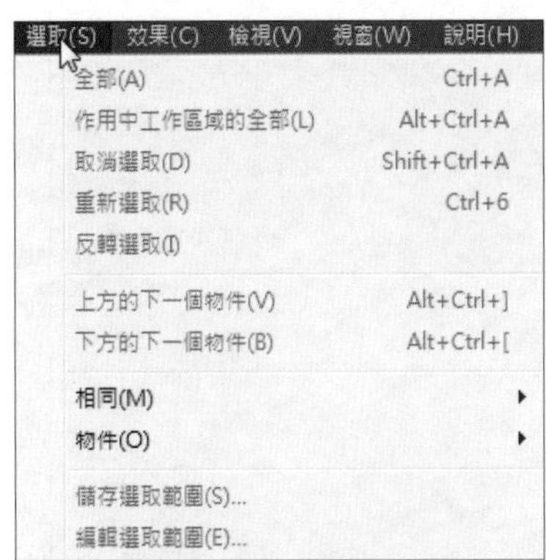

➡ **效果功能表：**包含部分的Photoshop濾鏡，及其他各種Illustrator中的效果。

➡ **檢視功能表：**校樣設定、顯示比例設定，及其他檢視輔助等設定。

檢視(V) 視窗(W) 說明(H)

預視(P)	Ctrl+Y
疊印預視(V)	Alt+Shift+Ctrl+Y
像素預視(X)	Alt+Ctrl+Y
校樣設定(F)	▸
校樣色彩(C)	
放大顯示(Z)	Ctrl++
縮小顯示(M)	Ctrl+-
使工作區域符合視窗(W)	Ctrl+0
全部符合視窗(L)	Alt+Ctrl+0
實際尺寸(E)	Ctrl+1
顯示路徑線條(D)	Ctrl+H
顯示工作區域(B)	Shift+Ctrl+H
顯示列印並排(T)	
顯示切片(S)	
鎖定切片(K)	
顯示範本(L)	Shift+Ctrl+W
尺標(R)	▸
隱藏邊框(J)	Shift+Ctrl+B
顯示透明度格點(Y)	Shift+Ctrl+D
顯示文字緒(H)	Shift+Ctrl+Y
顯示即時上色間隙	
隱藏漸層註解者	Alt+Ctrl+G
參考線(U)	▸
✓ 智慧型參考線(Q)	Ctrl+U
透視格點(P)	▸
顯示格點(G)	Ctrl+"
靠齊格點	Shift+Ctrl+"
✓ 靠齊控制點(N)	Alt+Ctrl+"
新增檢視視窗(I)...	
編輯檢視視窗...	

➡ **視窗功能表：**工作區的調整、呼叫各種工作面板，及編輯檔案的切換功能。

視窗(W)　說明(H)	
新增視窗(W)	
排列順序(A)	▸
工作區	▸
延伸功能	▸
✓ 工具	
✓ 控制(C)	
SVG 互動(Y)	
分色預視	
動作(N)	
圖層(L)	F7
圖樣選項	
外觀(E)	Shift+F6
對齊	Shift+F7
導覽器	
屬性	Ctrl+F11
工作區域	
平面化工具預視	
影像描圖	
文件資訊(M)	
文字	▸
漸層	Ctrl+F9
符號	Shift+Ctrl+F11
筆刷(B)	F5
筆畫(K)	Ctrl+F10
繪圖樣式(S)	Shift+F5
色彩參考	Shift+F3
色票(H)	
變形	Shift+F8
變數(R)	
資訊	Ctrl+F8
路徑管理員(P)	Shift+Ctrl+F9
透明度	Shift+Ctrl+F10
連結(I)	
顏色	F6
魔術棒	
符號資料庫	▸
筆刷資料庫	▸
繪圖樣式資料庫	▸
色票資料庫	▸

➡ **說明功能表**：關於Illustrator的說明、支援及其他相關資訊。

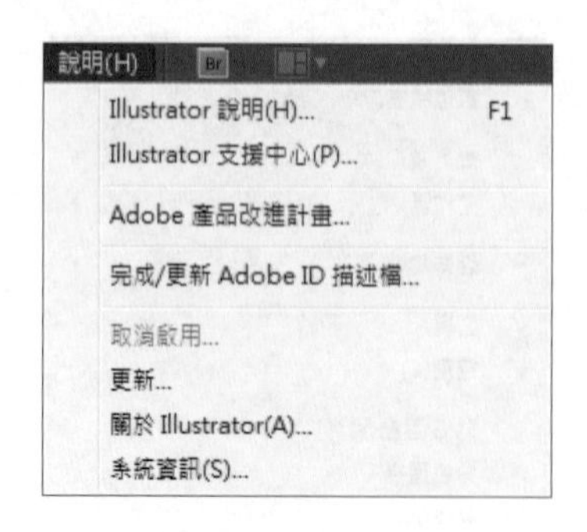

4-1-4 工具面板

工具面板又稱為工具箱或是繪圖工具箱，在進行圖像繪製作業時，除了功能表或其他工作面板的各項功能之外，最重要的就是工具面板。Illustrator在工具面板中，提供六大類的工具，包含選取工具、繪圖工具、變型工具、著色工具、符號與圖表工具、導覽工具。透過各種工具的交互使用，就可以進行各式各樣的圖像繪製作業。

此外，Illustrator預設的工具面板狀態是將所有的工具排列成單行，這樣就可以有更大的工作區域可以進行圖像繪製作業，但對於某些較有經驗的使用者，通常會比較習慣傳統的兩欄式排列，這項調整可以透過點擊工具面板上方的雙三角形作切換。

4-1-5 控制列

控制列又稱爲屬性工具列。屬性指的是各個繪圖物件的屬性。選取不同類型的物件時，控制列最左方會標明選取的物件類型，並且針對不同的物件類型，右方會有各種不同的調整選項。

4-1-6 工作面版

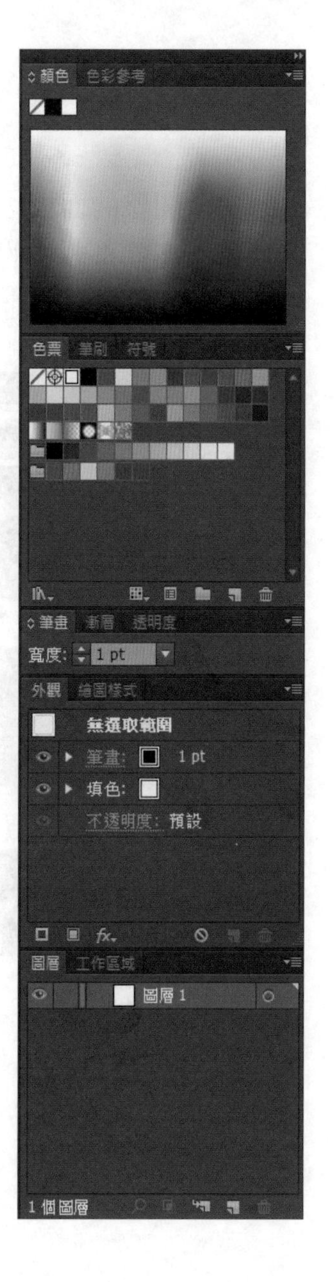

工作面板依面板種類的不同，可以提供不同的繪圖物件資訊或是進行不同功能的物件繪製，工作面板可以依使用者的需要開啓或是關閉，也能任意的排列組合，方便讓使用者組合出適合自己的工作環境。Illustrator 預設並不會將所有的工作面板都顯示出來，如果需要使用的工作面板不在目前的軟體界面上，可以到視窗功能表尋找。

右方兩條垂直排列的面板區域叫做「槽」，兩個工作面板槽所在的位置，稱爲側邊埠；每一個槽又可以分爲幾組不同的面板，比方說下圖中的這組面板，就擁有色票、筆刷及符號三個不同的工作面板。

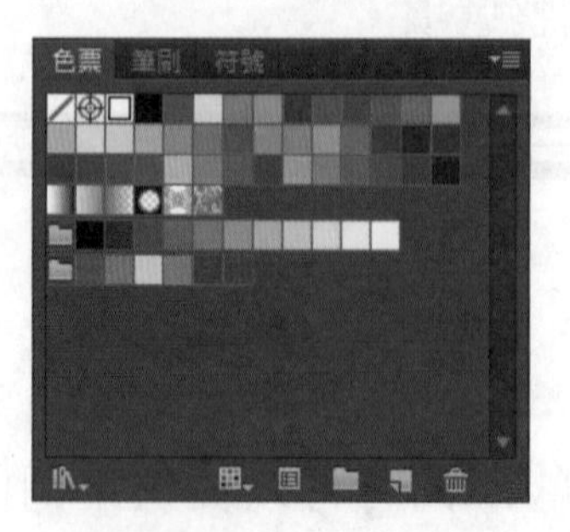

完全開啓的面板槽可以讓使用者同時看到所有工作面板的內容，方便使用者使用；而完全收合的工作面板槽，則可以空出最大的工作區域。工作面板的開啓與收合可以點擊面板槽上方的雙三角形進行切換。

▶ 工作面板全部打開

▶ 工作面板全部收合，可以獲得最大的作業空間

而收合的工作面板也可以點選可做面板上的小圖示，單獨開啟該面板進行操作。操作完成後可以再點擊面板右上方的雙三角形收合。

▶ 單獨開啟一組面板

4-1-7 狀態列

狀態列跟隨文件視窗出現，也就是有開啓檔案才會看到狀態列。狀態列本身提供檔案的重要資訊。其中包含顯示比例、工作區域名稱、目前使用工具及其他資訊等。

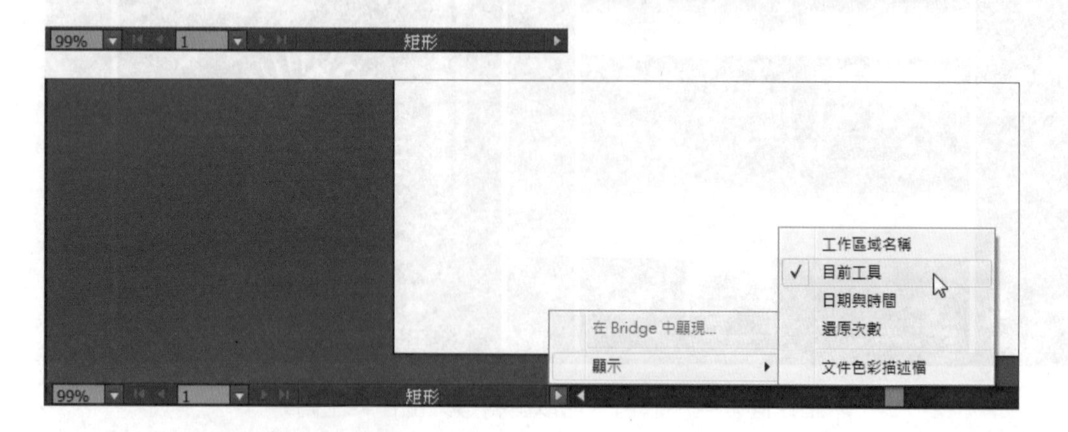

4-1-8 自訂工作區

不同的使用者族群，對於圖像繪製的需求是相異的。而這些不同的圖像繪製需求，也會需要不一樣的工作面板輔助完成。例如：對插畫師來說，Illustrator提供的色彩資訊非常重要，所以像是色票、色彩參考、筆刷等面板對插畫師來說是必要的工作面板；而對一般的網頁設計師來說，筆刷設定就顯得沒那麼重要。反而會比較需要使用文字、符號、連結設定之類的功能。

▶ 繪圖類別工作區配置

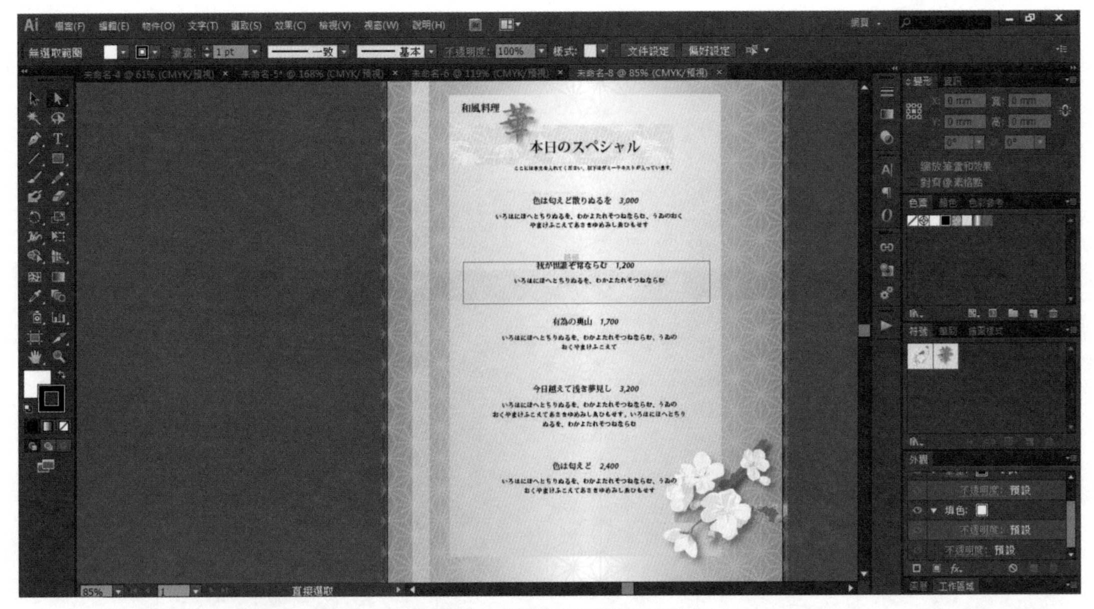

▶ 網頁設計類別工作區配置

Illustrator針對不同的使用者族群，安排了不同的工作區域，我們可以選取「視窗」>「工作區」

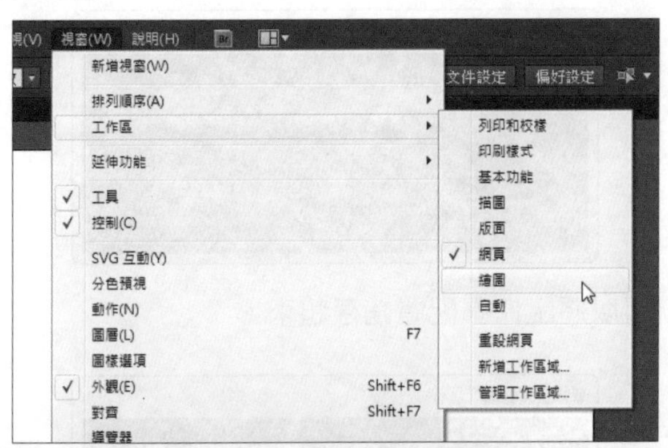

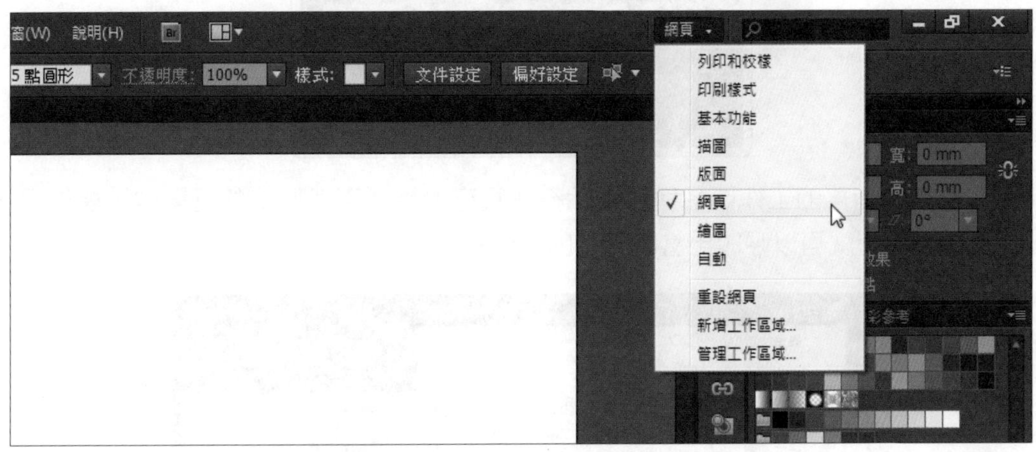

▶ 或是直接在控制列右方的選單切換

如果使用者有自己習慣的工作區配置，也可以將其儲存起來。儲存的方式如下：

01 依需求調整好工作區配置

02 選取「視窗」>「工作區」>「新增工作區」

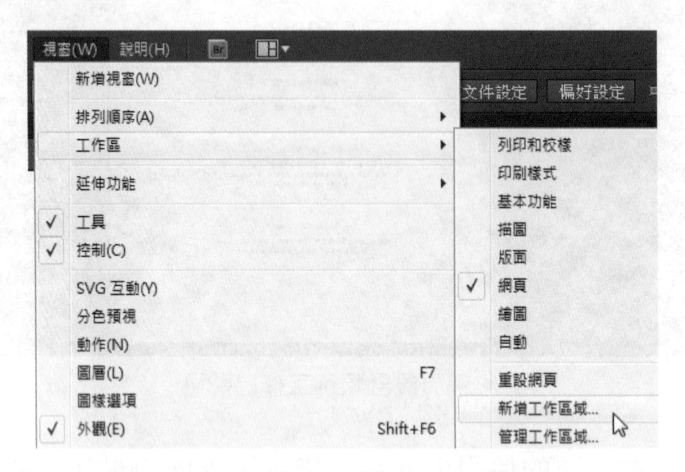

03 在出現的新增工作區對話方塊中，輸入想要命名的名稱。

04 按下確定鈕，就可以將工作區配置儲存起來。

05 完成後，儲存的工作區名稱會顯示在「視窗」>「工作區」的選單中，往後只要直接點選，就可以呼叫出當時儲存的工作區配置。

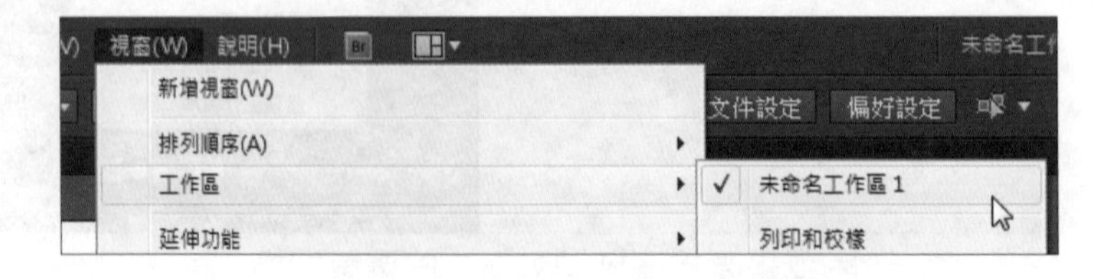

4-2 尺標與參考線

雖然對插畫師來說，尺標與參考線的重要性或許不高，但是對於平面設計師與網頁設計師來說，尺標與參考線就是非常重要的排版輔助工具。在 Illustrator 中，尺標與參考線通常會同時出現，尺標與參考線除了可以幫助使用者精確的放置影像或文字之外；從事網頁設計的使用者，也可以經由參考線的輔助，針對網頁頁面進行切片處理。本節就詳細介紹尺標與參考線的使用。

4-2-1 開啓尺標

在預設的狀態下並不會顯示尺標，這是因爲並不是所有使用者都會進行排版的作業。因此若使用者需要尺標進行排版輔助，就必須自行將尺標開啓，開啓的方式如下：

01 開啓任意檔案後，可以發現預設的工作區域並沒有顯示尺標。

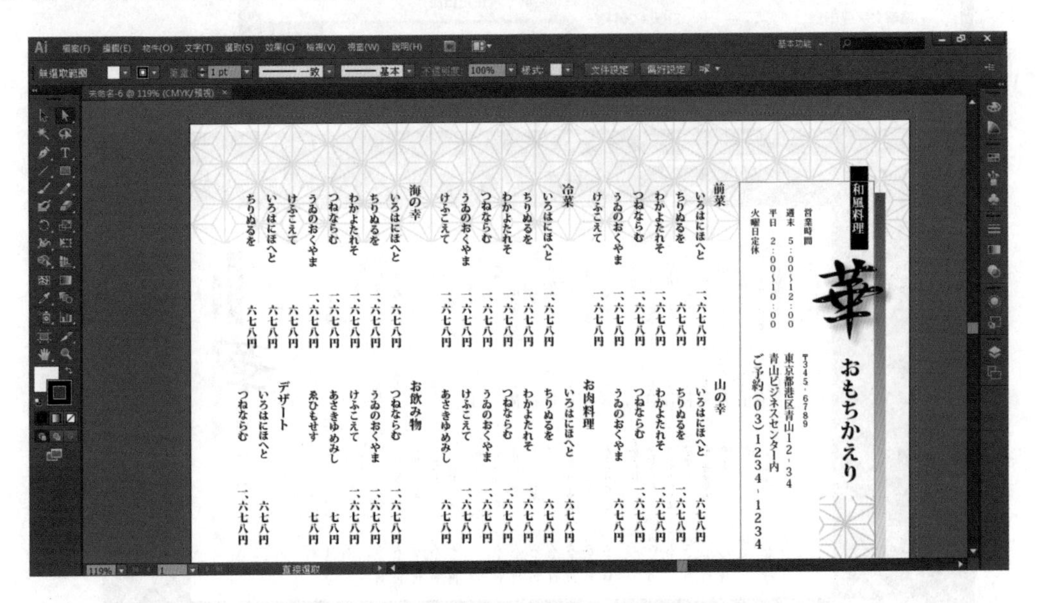

02 點擊「檢視」>「尺標」>「顯示尺標」。

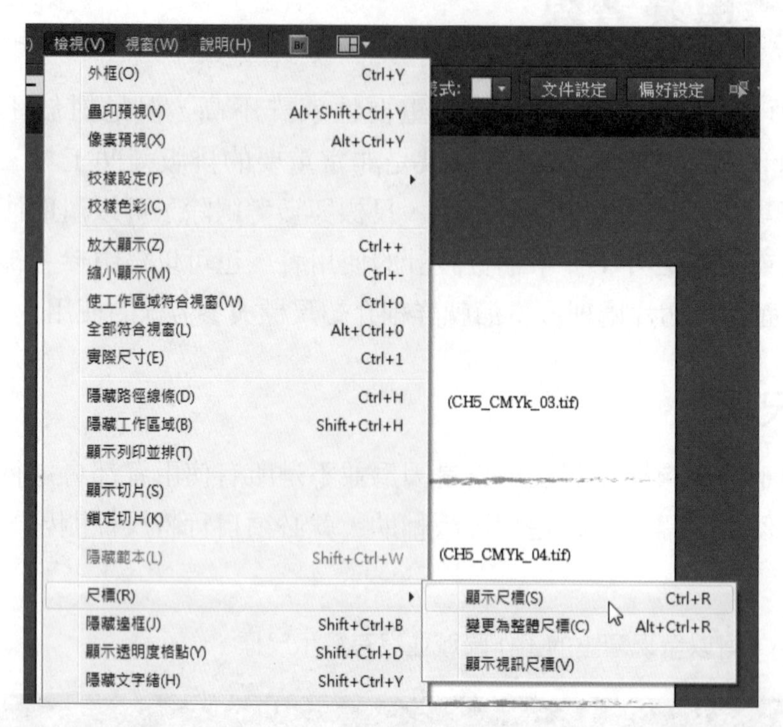

03 工作區域的上方及左方即出現水平與垂直尺標。

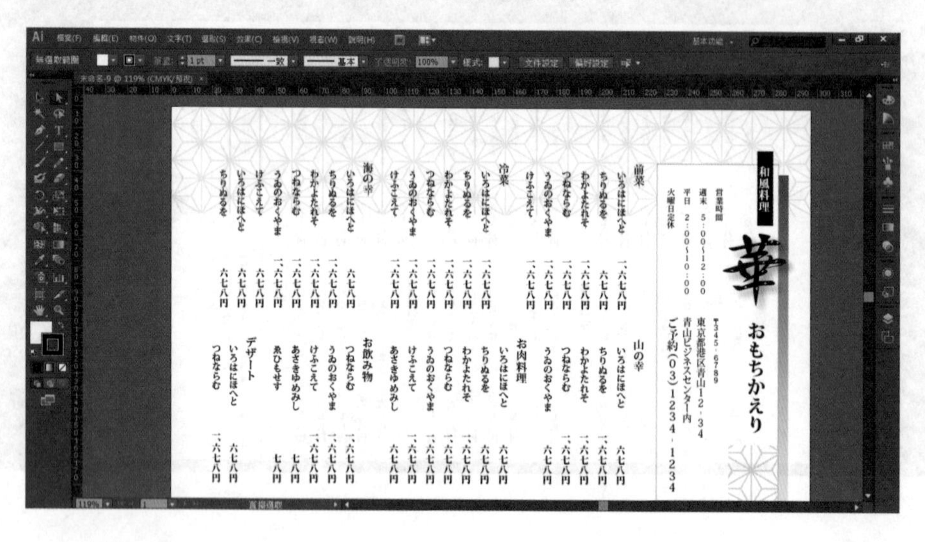

4-2-2 變更基準點

在 Illustrator 中，座標原點在影像的左上角，如果需要變更座標原點的位置，可以拖曳尺標交界處的小方框來重新定義座標原點。

01 開啟檔案與尺標後，可以發現尺標原點預設是在影像的左上角。

02 拖曳左上方尺標交界處的小方框至使用者想要重新定義的原點位置。

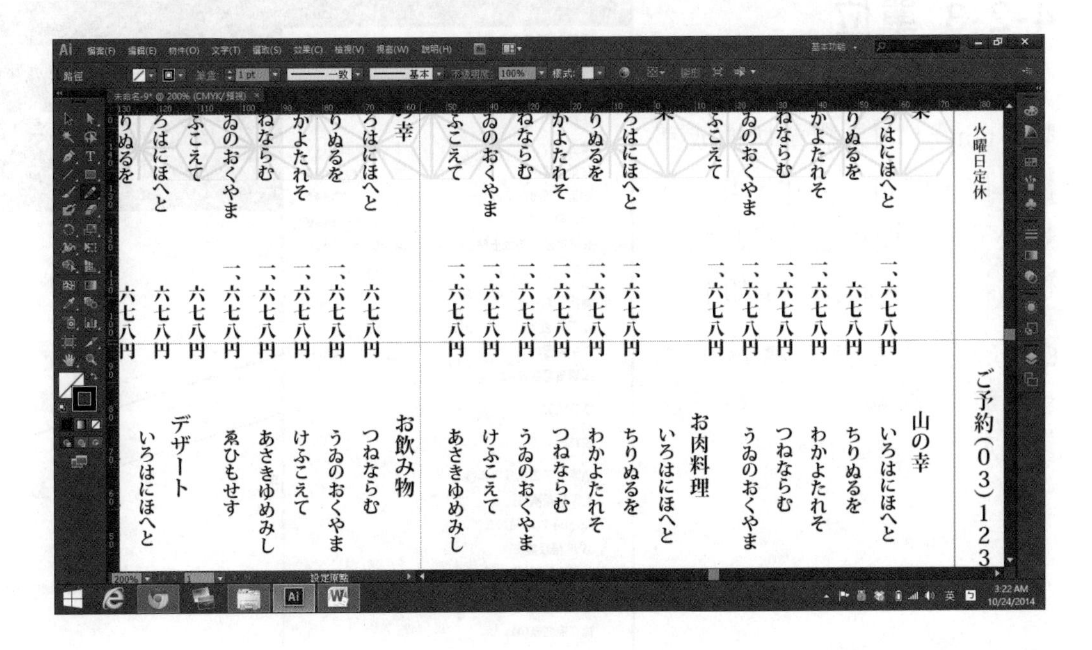

03 放開滑鼠後，則可以看到尺標原點已經被重新定義。

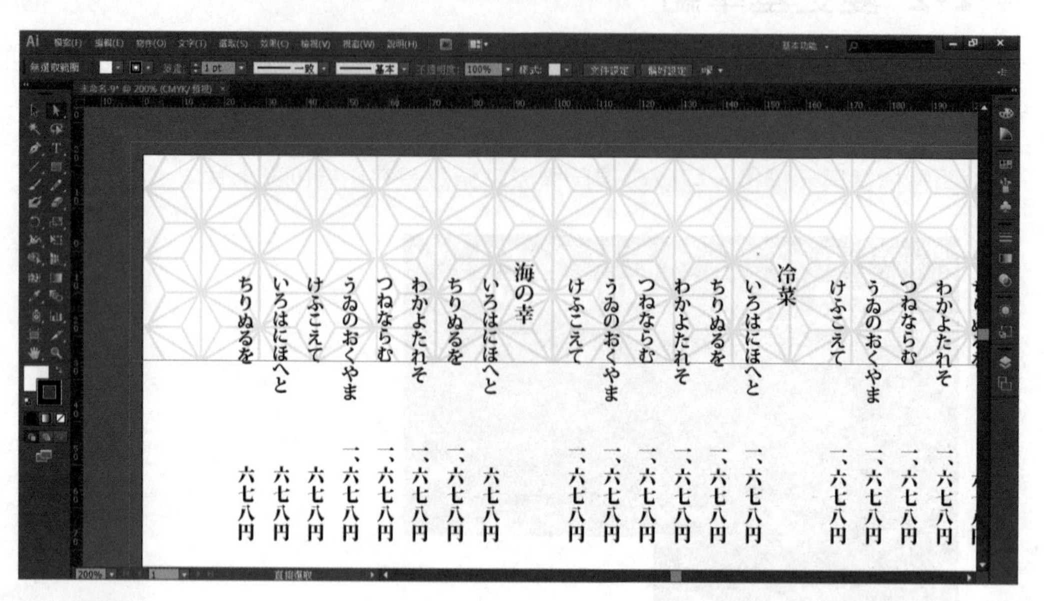

若要重設座標原點時，則雙擊尺標交界處的小方框就可以恢復預設值。

4-2-3 單位

尺標的預設單位是公釐（mm），如果想要切換成其他單位，例如：英寸、像素或是公分等，使用者也可以將單位重新設定，設定方法如下：

01 開啟檔案與尺標後，點擊「編輯」>「偏好設定」>「單位」。

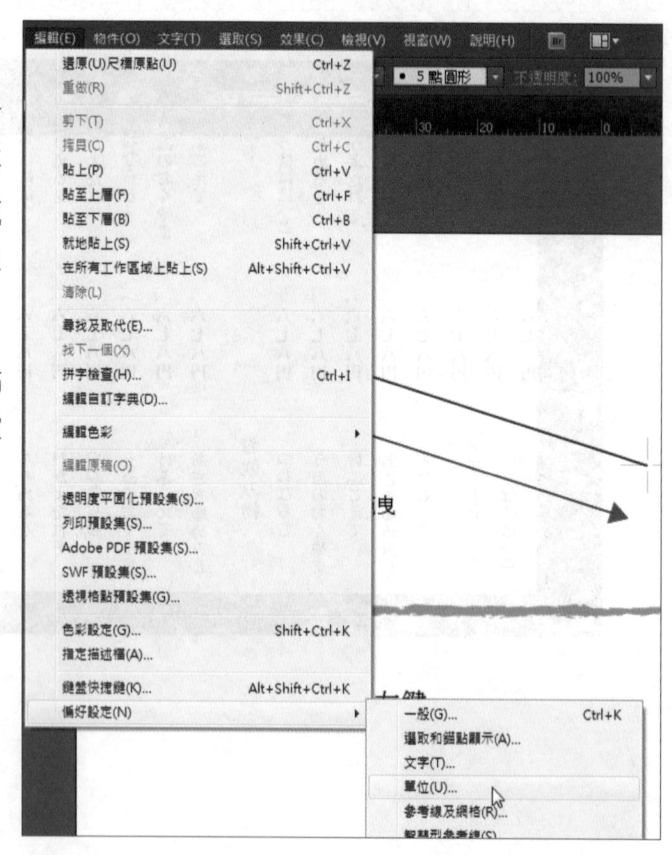

02 此時會出現單位對話框，在一般欄位中可以看見目前預設的單位值為公釐。

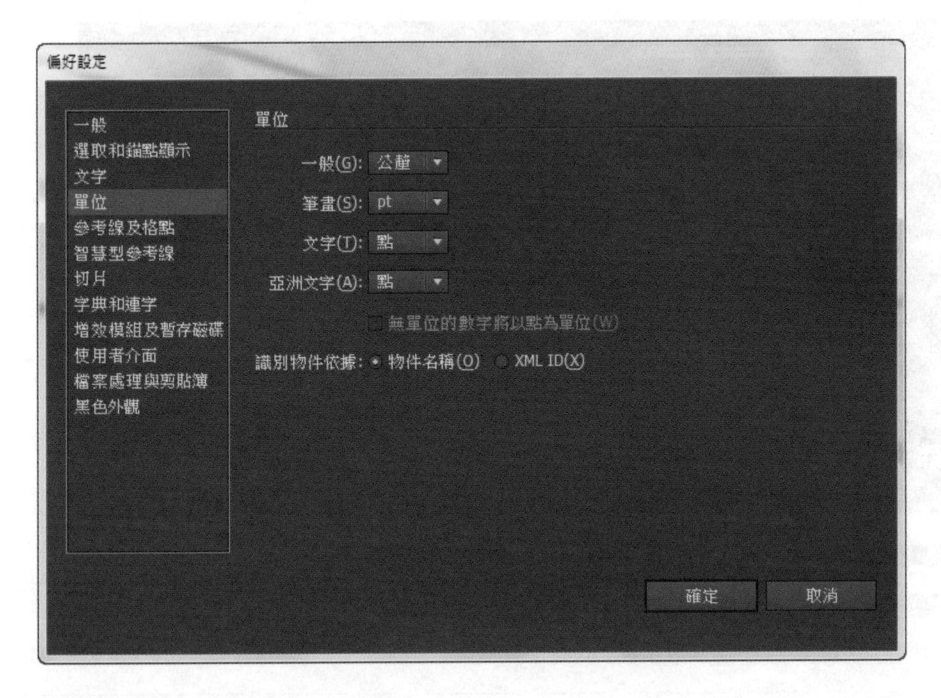

03 選擇要改變的單位，按下確定。

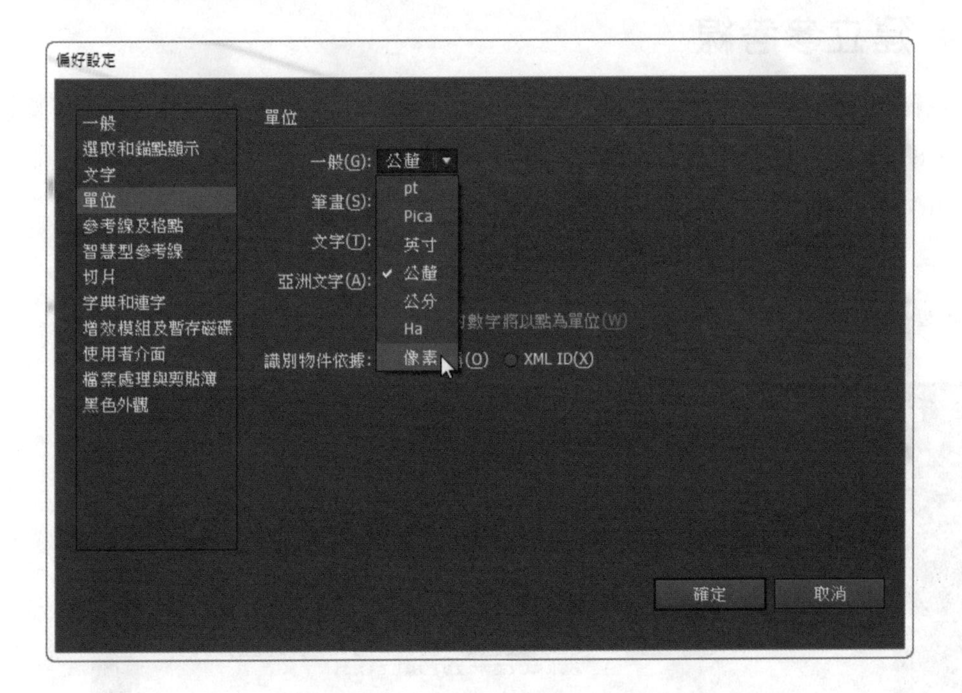

04 回到文件，可以看到尺標的單位值已經改變。

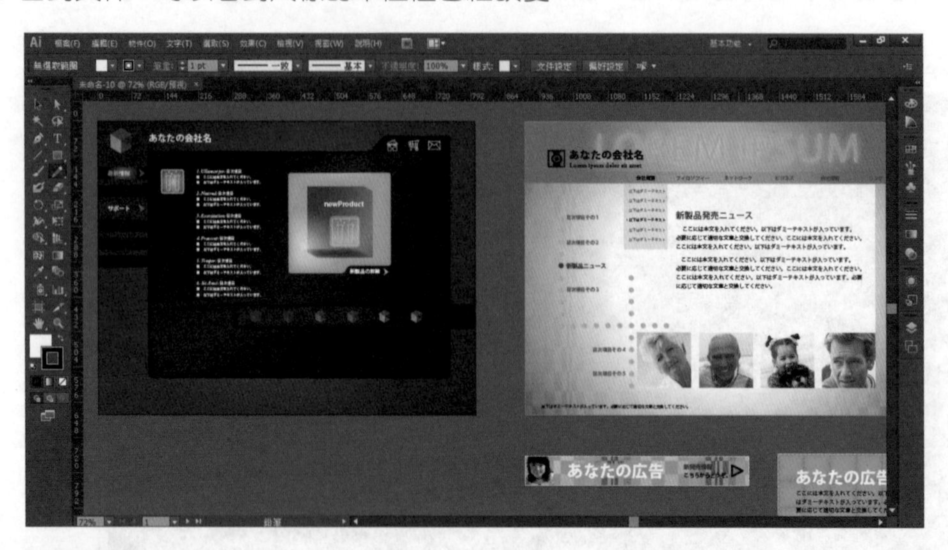

直接在尺標上點擊滑鼠右鍵，也可以更換單位

4-2-4 建立參考線

參考線的建立方法有兩種，一種是比較直覺的方式，適合用在調整整體版面平衡的情況；另一種是比較精準的方式，通常在需要精準標註的情況下使用，例如：建立網格系統或是裁切線、摺疊線的標註等。先介紹直覺的建立方法：

01 開啟檔案與尺標。

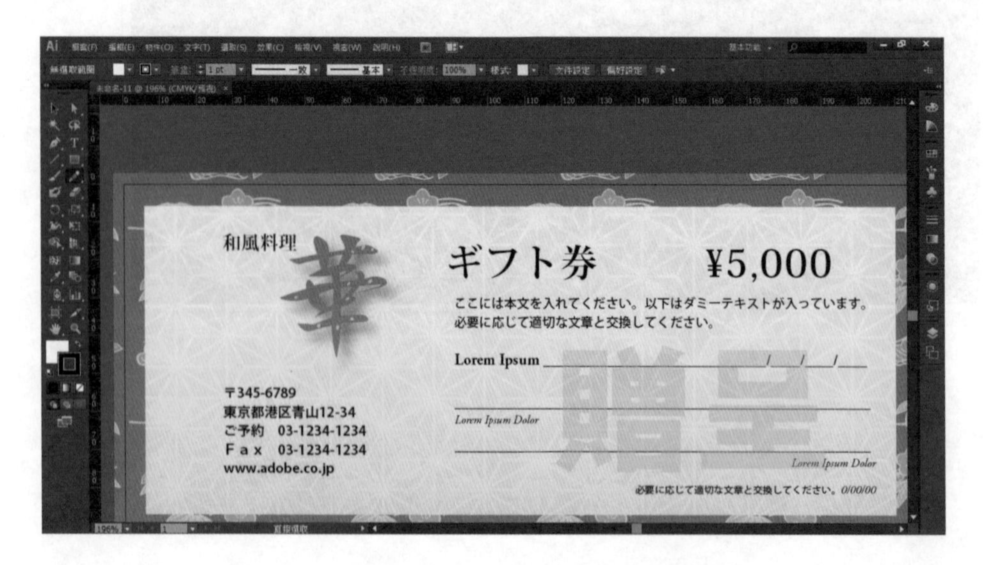

02 直接從水平尺標向下拖曳，就可以建立一條水平參考線（若需要垂直參考線，則從垂直尺標向右拖曳，即可建立垂直參考線。）

4-2-5 移動參考線

若要改變已建立的參考線的位置，使用者可以用很簡單的方式移動，方法如下：

01 點選移動工具

02 將滑鼠移動到想要移動的參考線上，此時游標右下角會多一個黑色矩形。

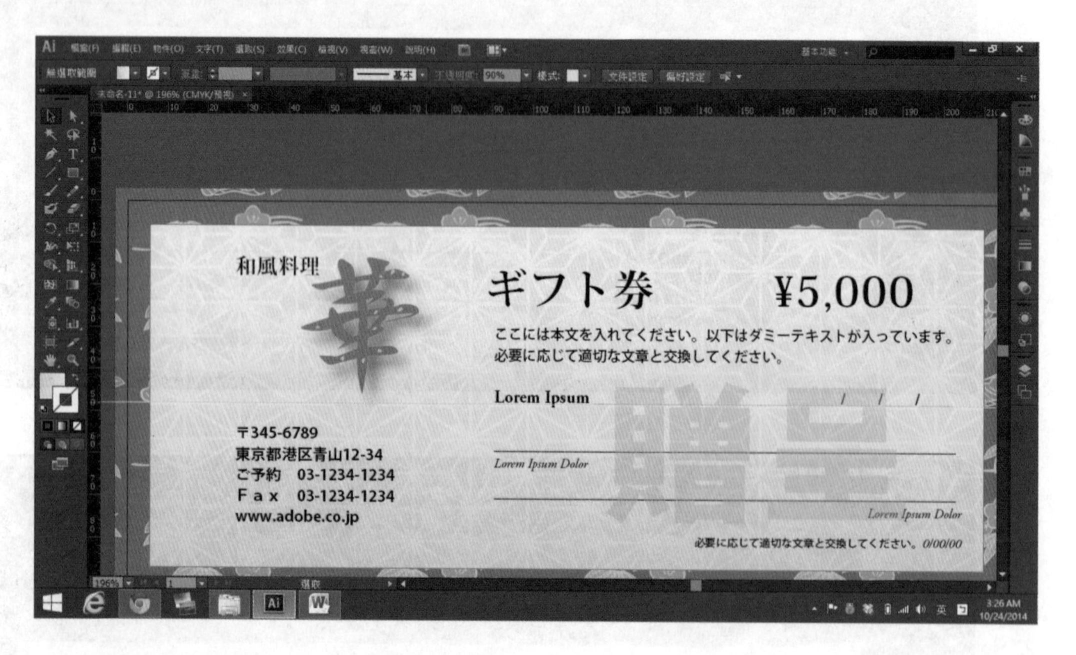

03 此時直接拖曳滑鼠，就可以改變參考線的位置。

TIPS

在已經確定參考線的位置後，若怕不小心在後續的作業中移動到參考線，則可點擊「檢視」>「鎖定參考線」進行鎖定。

4-2-6 清除參考線

在所有作業完成後，若想清除掉參考線，則可點擊「檢視」>「參考線」>「清除參考線」將參考線清除。

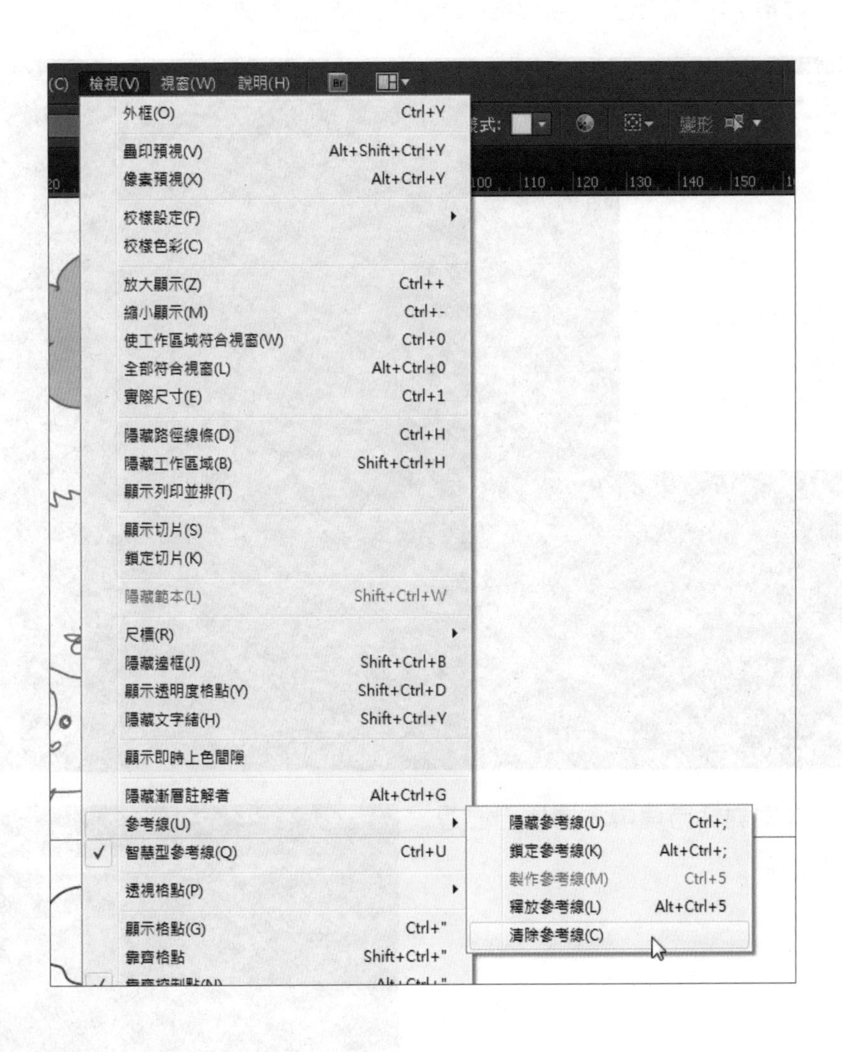

TIPS

這種方法將一口氣清除所有參考線。使用時請小心。

4-3 檔案管理

4-3-1 輸入檔案

使用者可以利用數種方式將檔案開啓或匯入。以下介紹常用的數種開啓方式：

開新檔案

01 點擊「檔案」>「新增」，可以開啓開新檔案對話方塊。

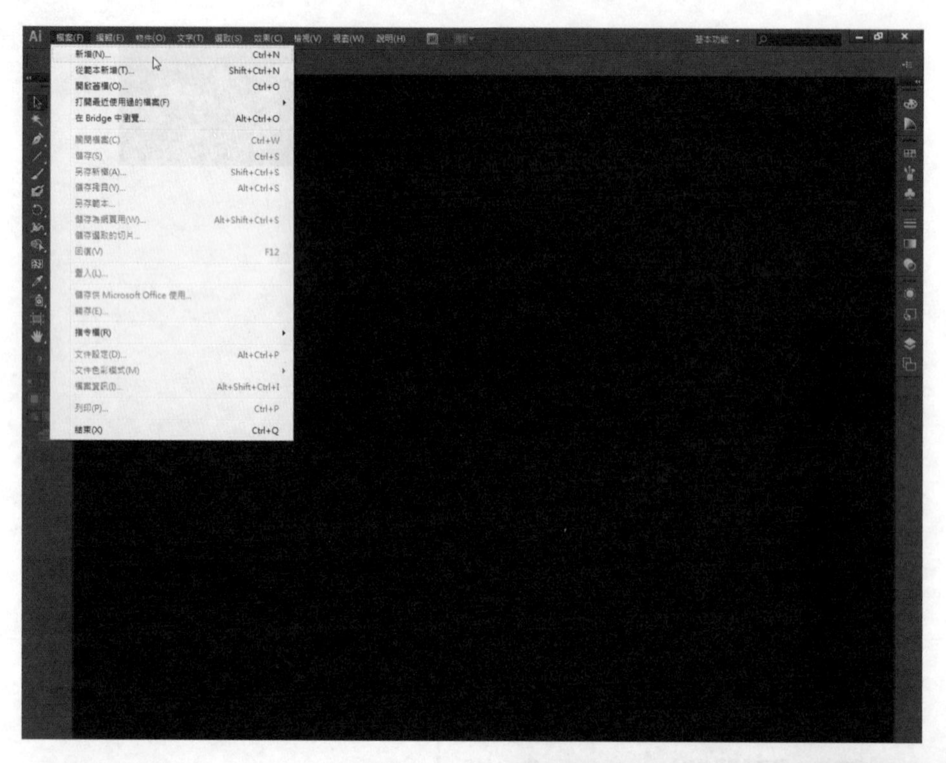

02 在開新檔案對話方塊中，選擇自己想要的描述檔。

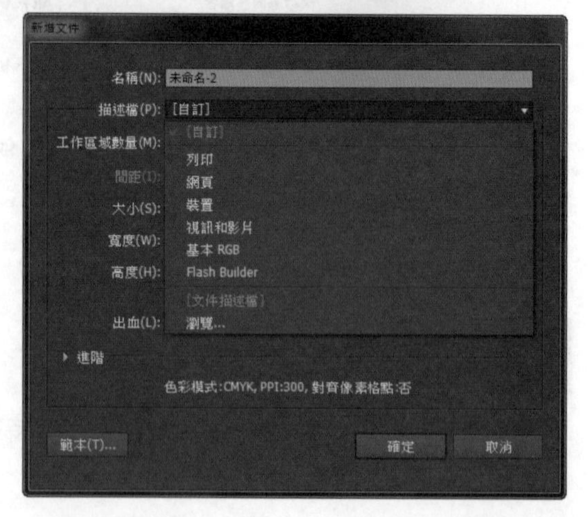

03 或自行調整尺寸、解析度與色彩模式等。

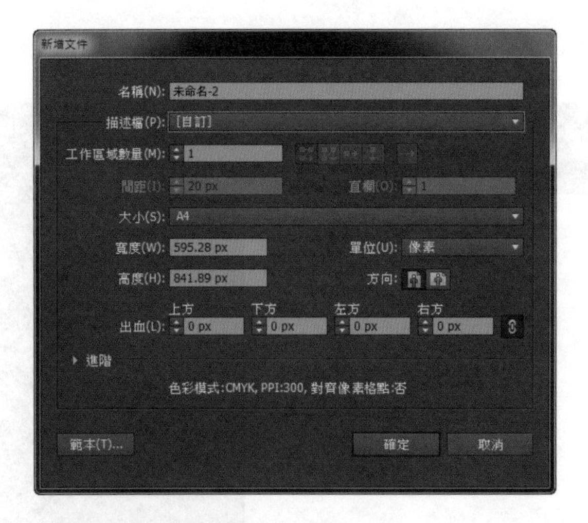

04 按下確定後即可開啟新檔案。

開啓舊檔

01 點擊「檔案」>「開啓舊檔」，可以開啓開啓檔案對話方塊。

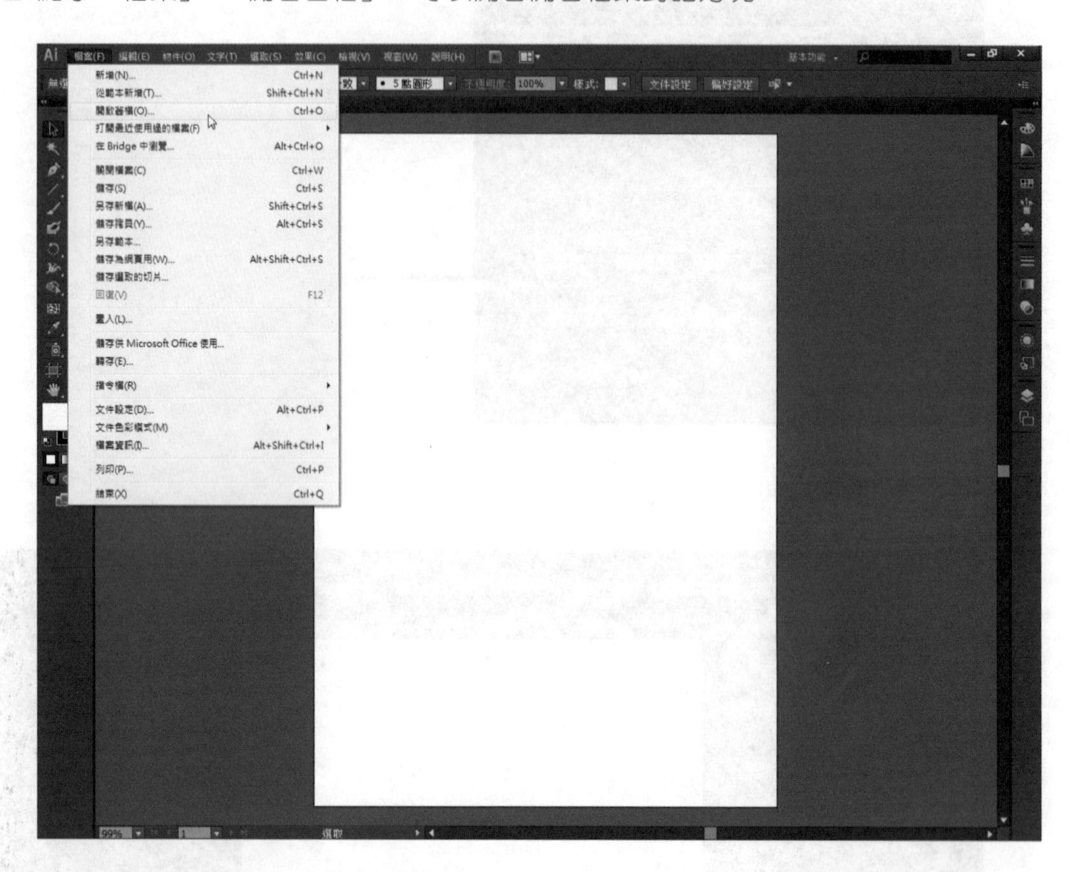

02 選擇要開啓的一個或多個影像檔案。

03 按下開啓舊檔按鈕即可開啓。

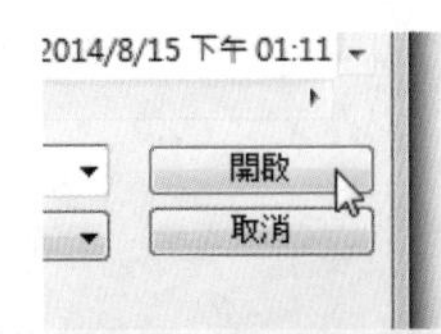

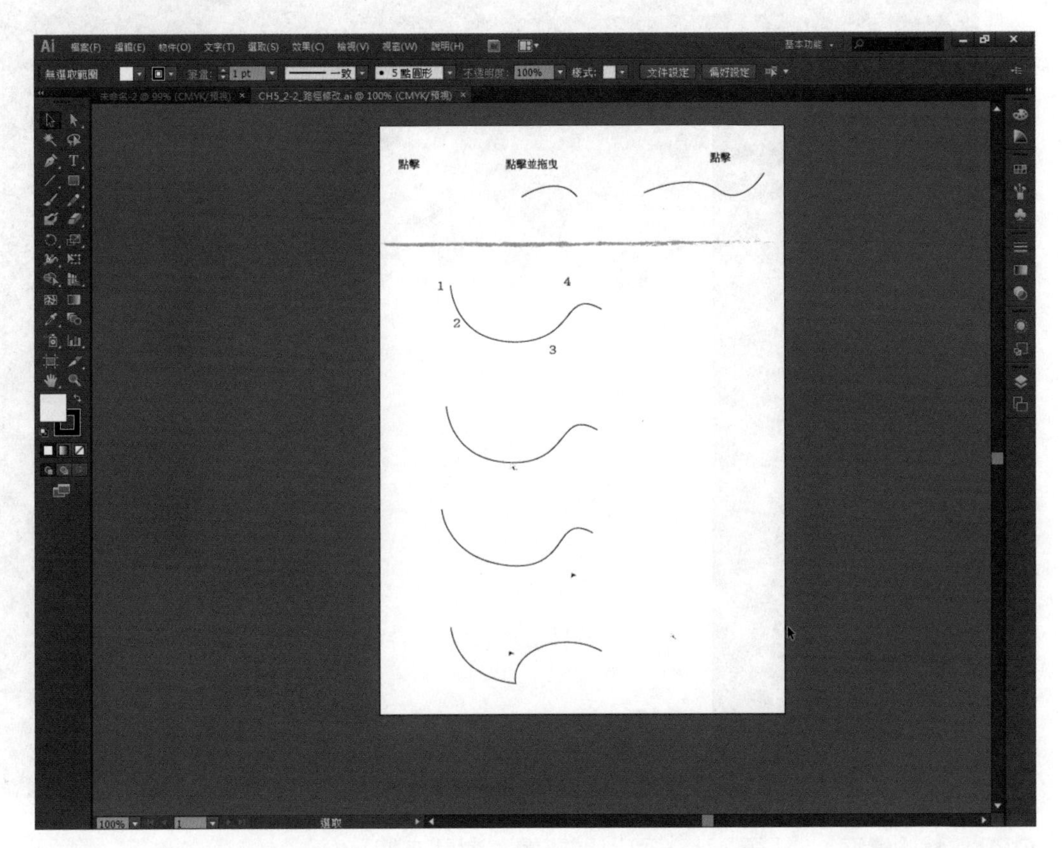

置入

以下先說明置入影像檔案的步驟：

01 先開啟第一個檔案。

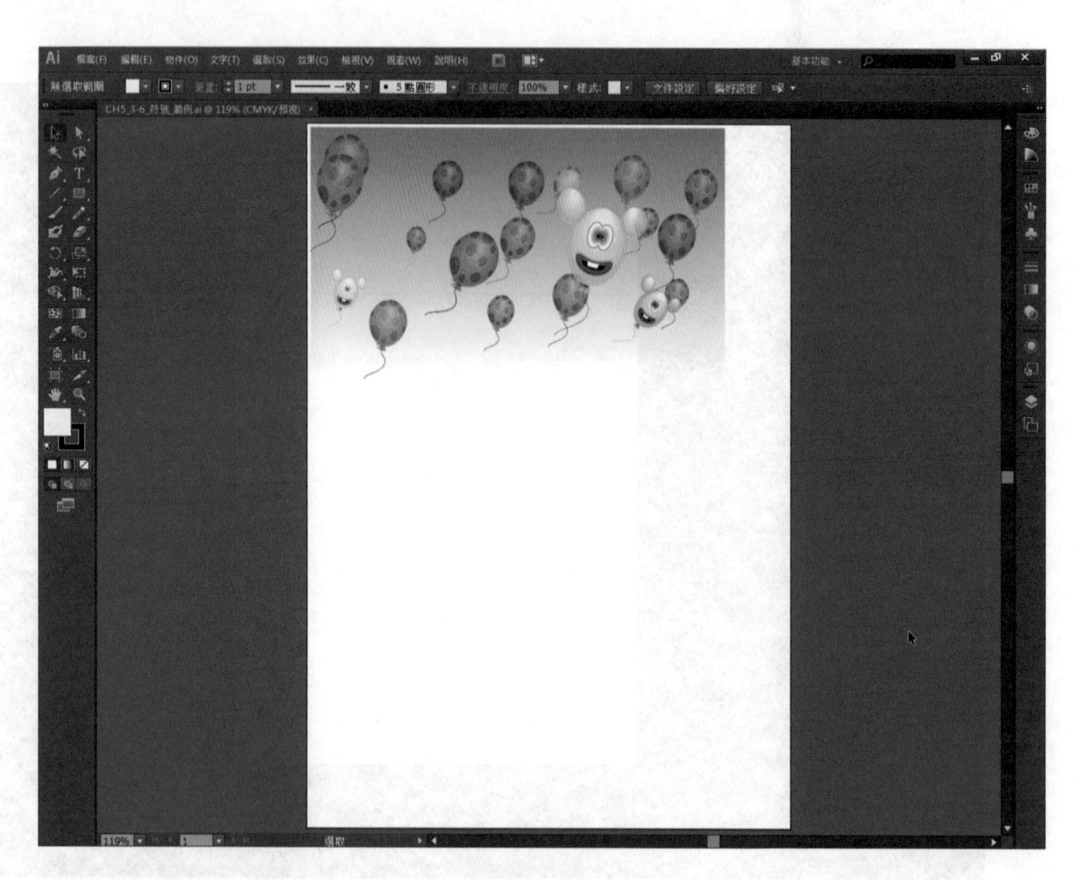

02 點擊「檔案」>「置入」，可以開啟置入對話方塊。

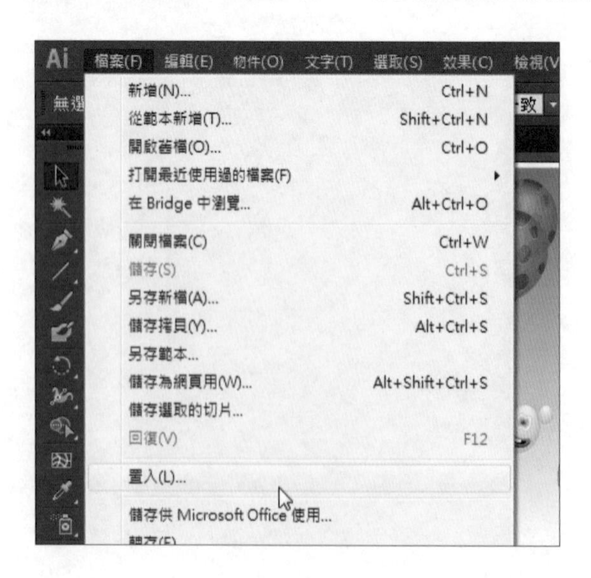

03 選擇要置入的影像檔案。

04 按下置入按鈕後即可置入第二張影像。

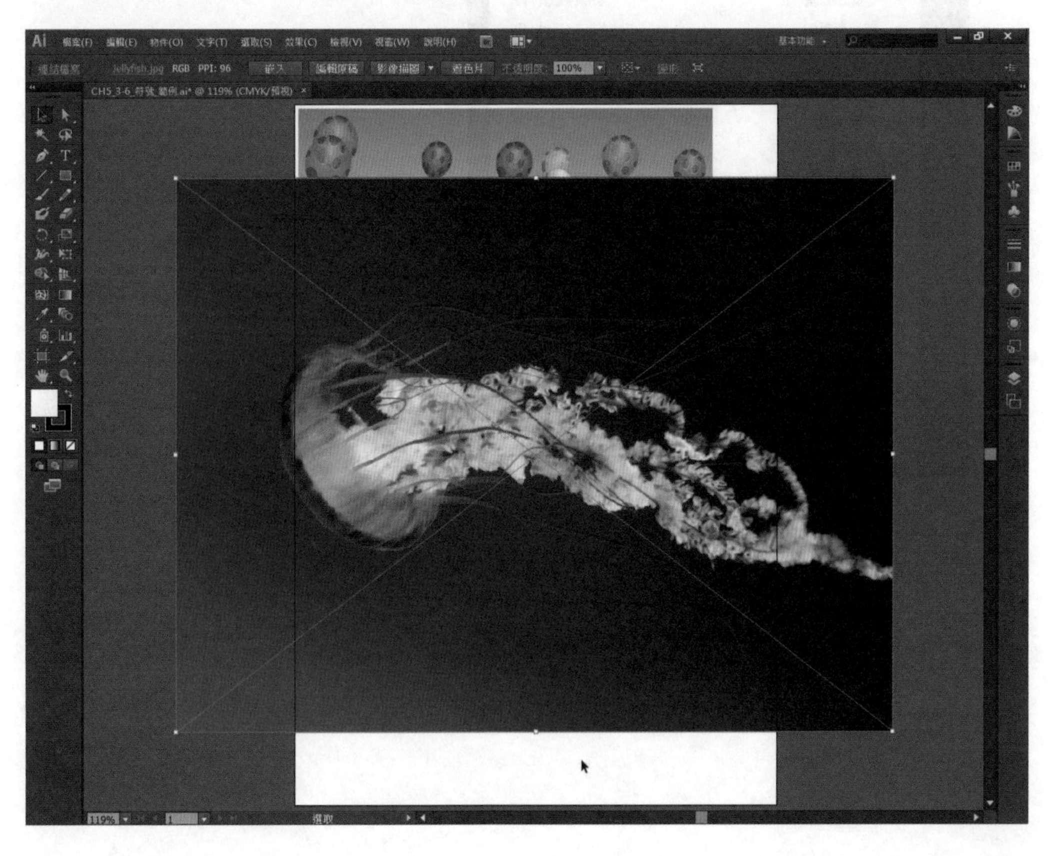

4-3-2 輸出檔案

儲存

在處理一般的檔案時，點擊「檔案」>「儲存」，就可以將影像檔案直接儲存。

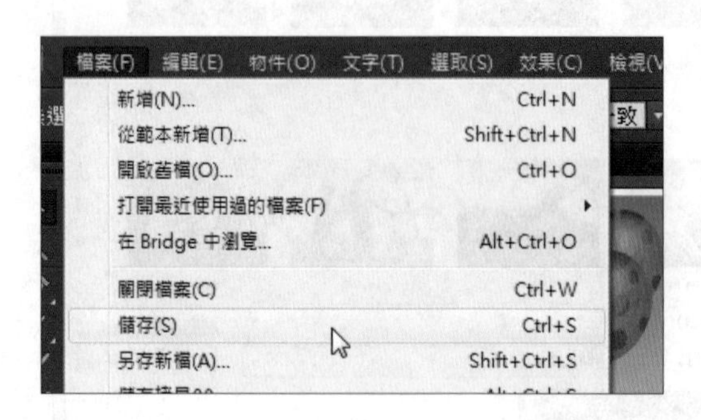

若需要儲存成其他的影像格式，則需要另外的方式：

01 點擊「檔案」>「轉存」，可以開啓另存新檔對話方塊。

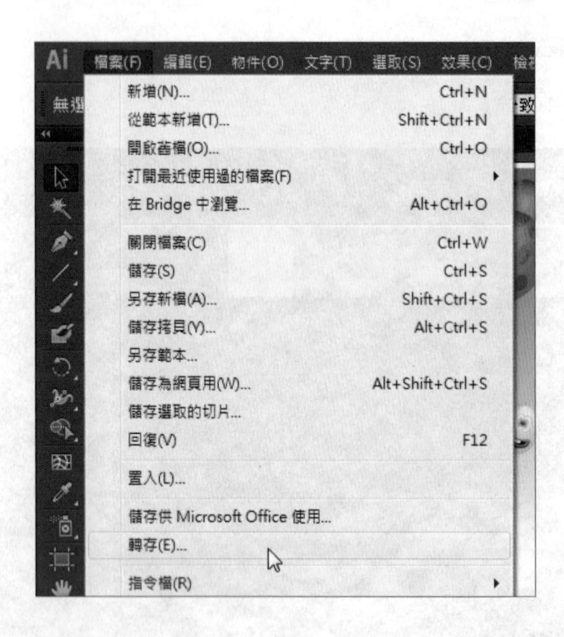

02 在另存新檔對話方塊下方的格式欄位，選擇要使用的影像檔案格式。

03 依照選擇的格式不同，Illustrator會有不同的對話方塊(psd tif jpg)。

▶ 選擇儲存成Illustrator(*.PSD;*.PDD)時的對話方塊

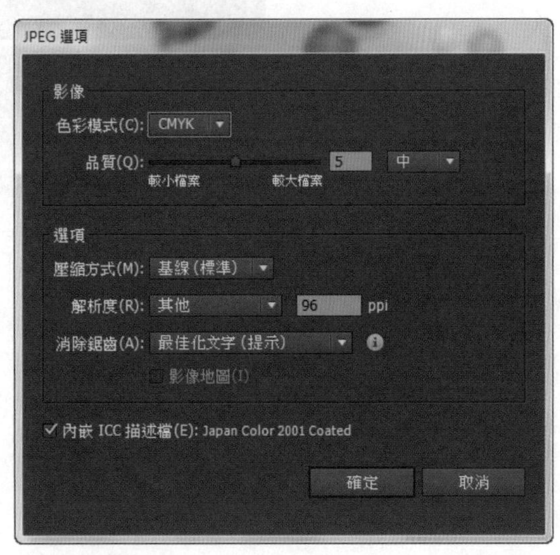

▶ 選擇儲存成JPEG(*.JPG;*.JPEG;*.JPE)時的對話方塊

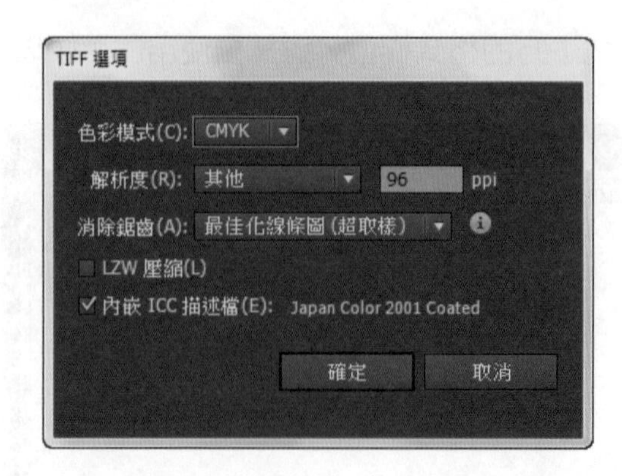

▶ 選擇儲存成TIFF(*.TIF;*.TIFF)時的對話方塊

04 依照使用者的參數設定，完成後按下即可。

4-3-3 管理檔案

AdobeBrige

AdobeBridge可以管理並瀏覽電腦中的所有多媒體檔案。使用者可以視需求，利用Adobe各個軟體開啓對應的影像檔案，也可以預覽檔案、新增中繼資料等，讓影像檔案的組織管理變得更加容易。點擊應用程式列的Bridge啓動按鈕。

就可以開啓 AdobeBridge

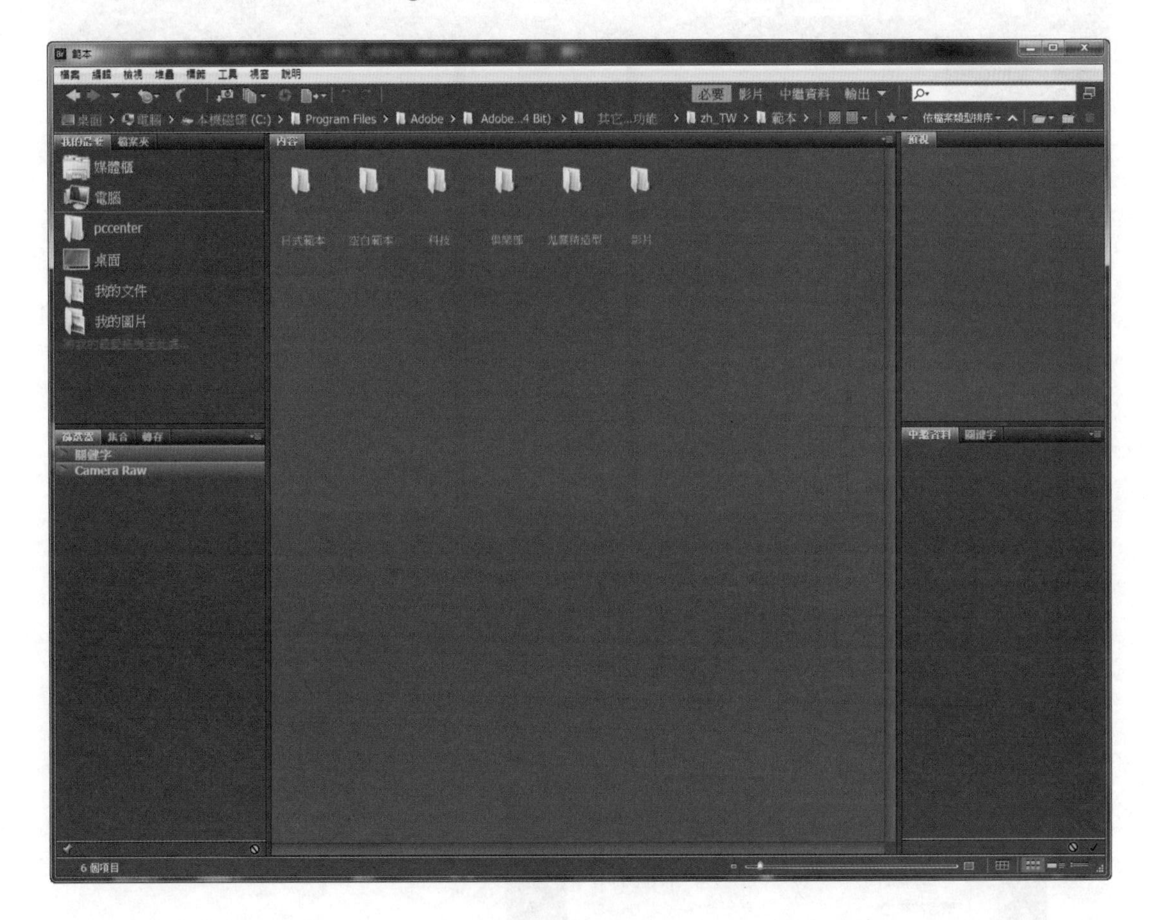

使用者可以利用 Adobe Bridge 進行影像檔案的檢視、搜尋、排序、篩選與管理，以及處理影像、頁面版面、PDF 與多媒體檔案。

還能透過 Adobe Bridge 重新命名、移動和刪除檔案、編輯中繼資料、旋轉影像。

4-4 工作區域

若要製作多頁的文件，可以使用多重工作區域製作。在Illustrator中，最多允許建立100個工作區域。而每個工作區域，都設定不同的尺寸。

4-4-1 建立工作區域

01 在新增Illustrator的檔案時，第一步就是建立工作區域。

02 點選「檔案」>「新增」。

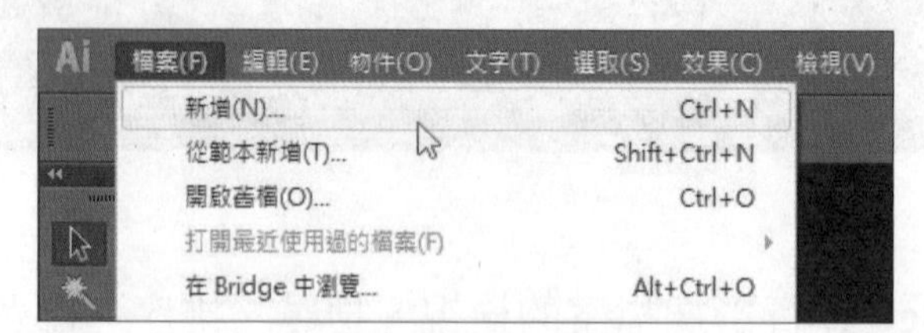

03 在新增文件對話框中，選擇要建立的工作區域數量。

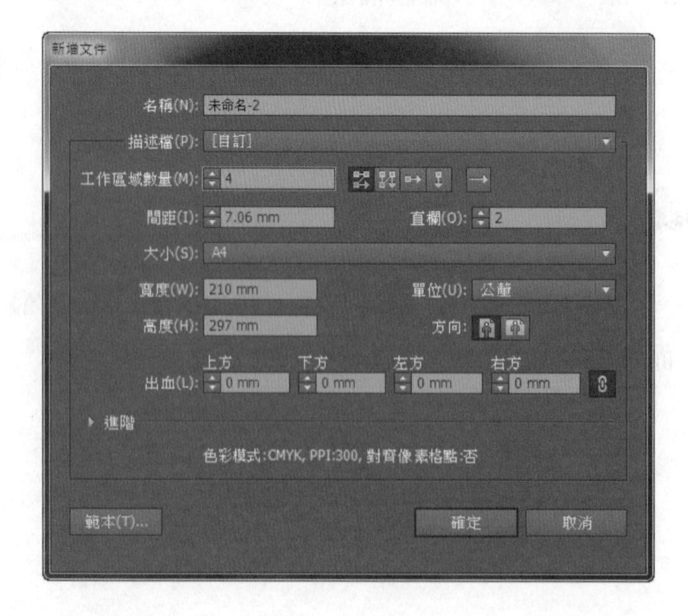

04 設定工作區域的寬度與高度。

新增文件
名稱(N): 未命名-2
描述檔(P): [自訂]
工作區域數量(M): 4
間距(I): 7.06 mm　直欄(O): 2
大小(S): A4
寬度(W): 210 mm　單位(U): 公釐
高度(H): 297 mm　方向:
出血(L): 上方 0 mm　下方 0 mm　左方 0 mm　右方 0 mm
進階
色彩模式:CMYK, PPI:300, 對齊像素格點:否
範本(T)...　確定　取消

05 點選確定，即可建立工作區域。

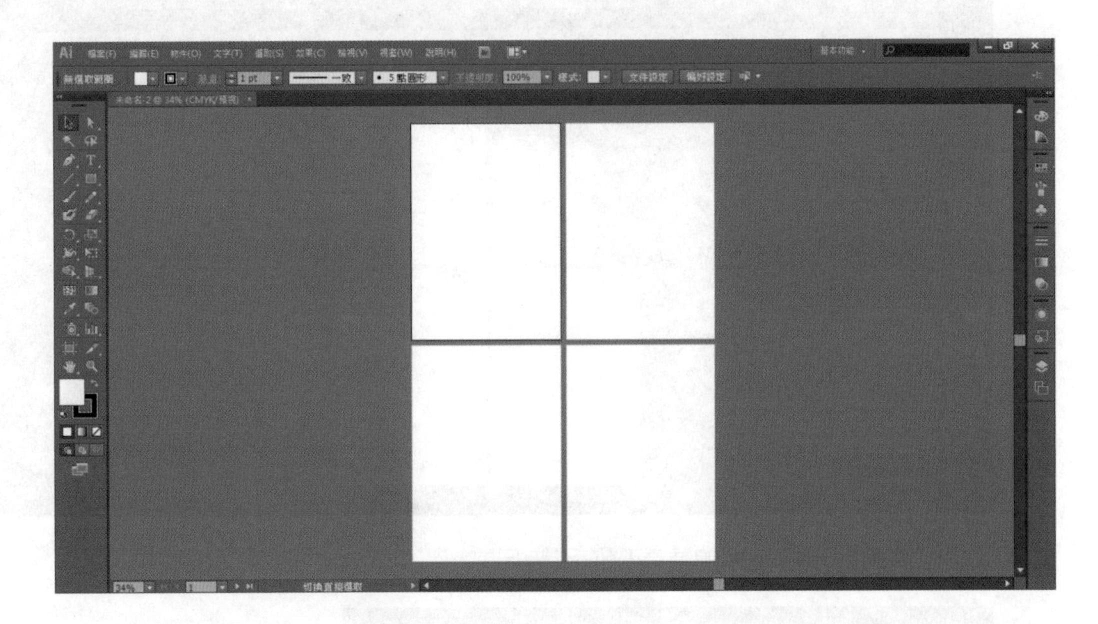

4-4-2 更改工作區域尺寸

使用檔案新增的方式建立之工作區域，每一頁的尺寸都會相同，若要變更不同的尺寸，則可以使用「工作區域工具」 逐一修改：

01 點選「工作區域工具」此時所有工作區域會出現控制點。

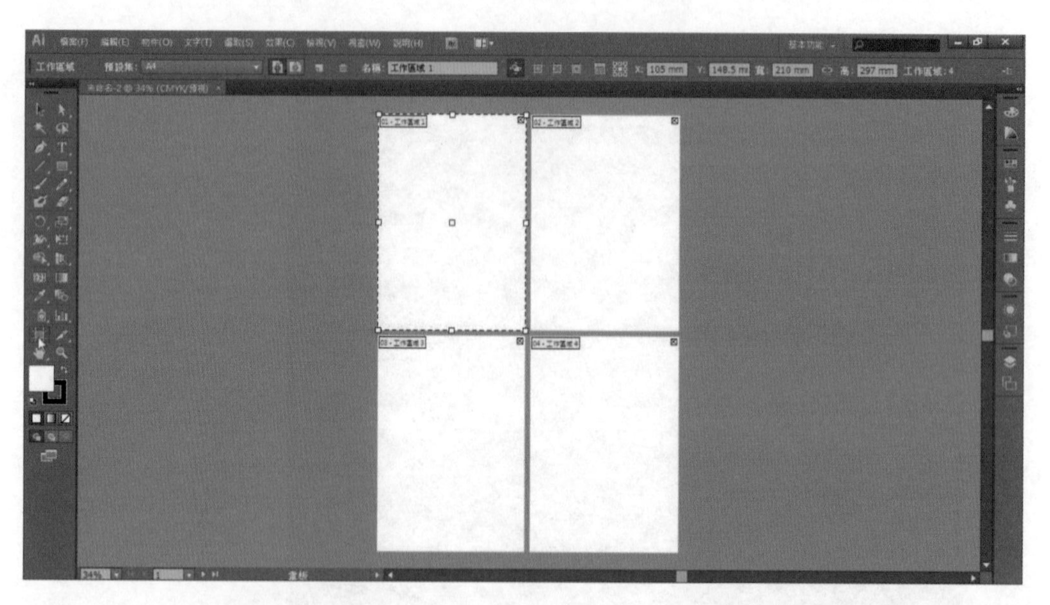

02 此時使用者可拖曳控制點改變尺寸。

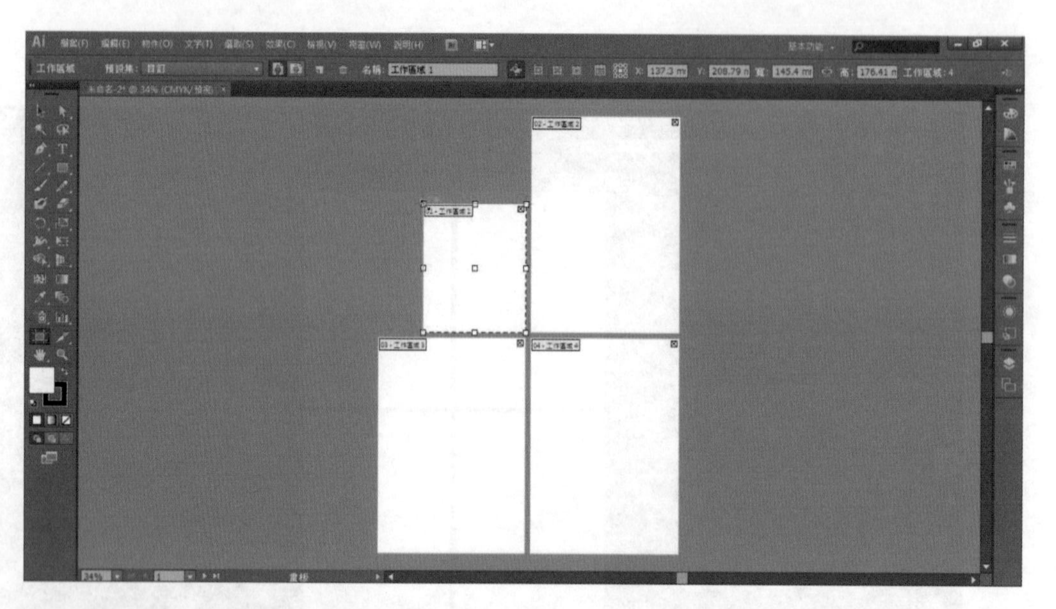

03 或是可使用上方控制列的寬高欄位改變尺寸。

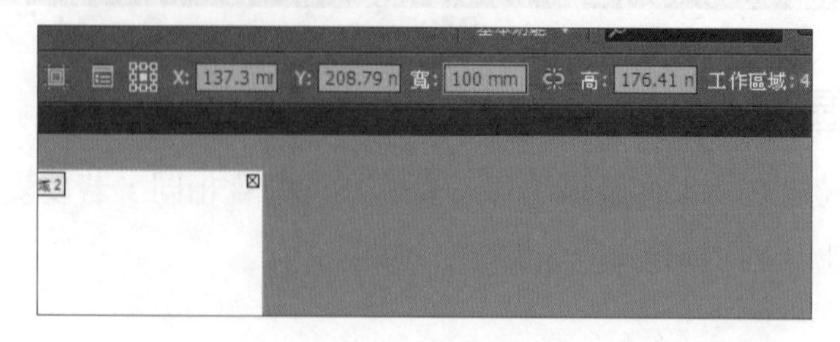

04 調整完成後按esc鍵即可。

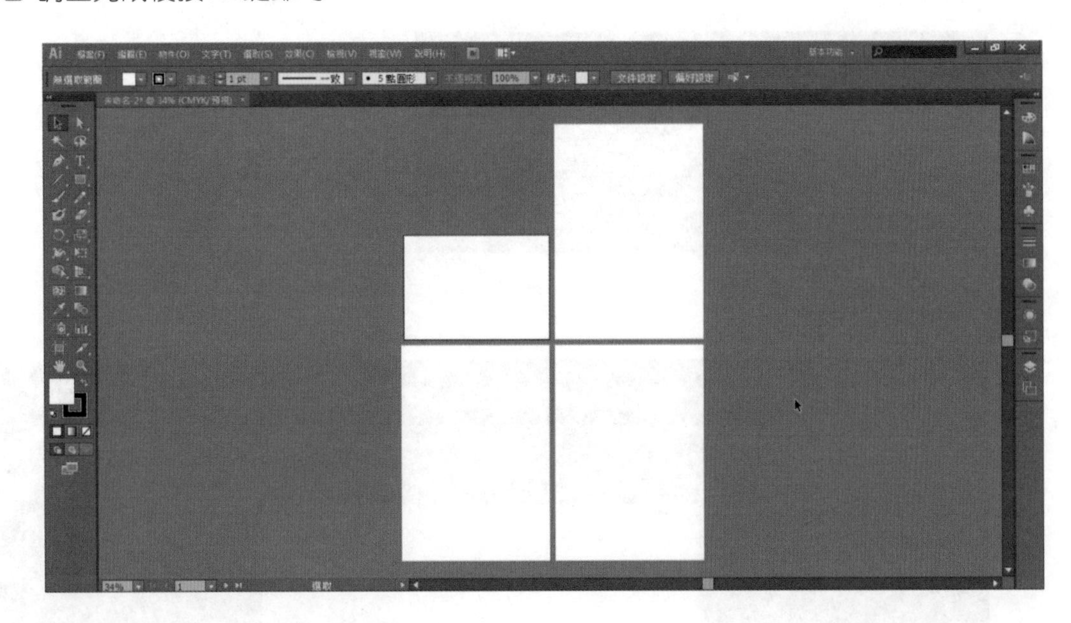

4-4-3 更改工作區域方向

若要直式改變成橫式，一樣可使用工作區域工具修改。

01 點選「工作區域工具」。

02 點選橫式按鈕。

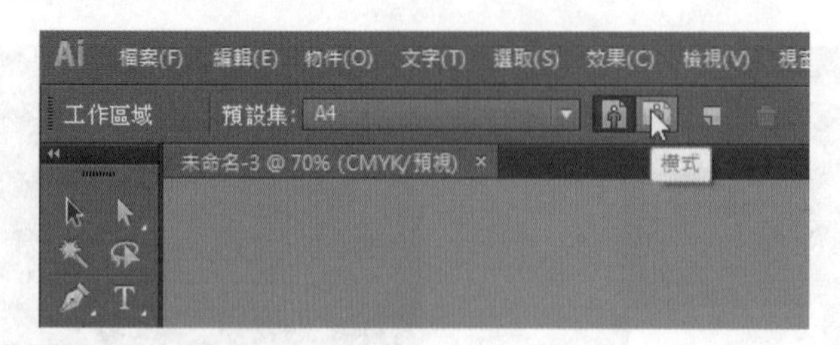

03 即可完成變更文件方向。

4-5 色彩管理

色彩描述檔

色彩描述檔的功能是用來校正色彩，在一般影像輸出的流程中，設計師將完成的輸出稿件交給輸出中心，並且與輸出中心之間以色票來進行色彩的校對，而輸出中心在將稿件交給印刷廠時，通常就必須使用色彩描述檔來做色彩的校對，因爲各個不同廠牌的印刷機，所使用的油墨以及印刷機本身的特性，在印刷同一種CMYK參數的顏色時，可能會出現不同的結果，因此輸出中心必須要知道印刷廠所使用的印刷機類型，進而在檔案中設定正確的色彩描述檔。印刷廠在打樣後，將稿件送回輸出中心，而輸出中心與設計者之間，仍然是以色票，作爲色彩校正的工具。

色彩模式

✪ RGB（Red、Green、Blue）

RGB模式又稱爲光的三原色，R代表紅光，G代表綠光，B代表藍光，透過各種不同份量的光線，可以組合出各種不同的顏色。螢幕的色彩基本上都是RGB模式爲主，因爲螢幕本身的成像原理，就是以光的三原色做呈現。通常在製作網路上所需要的影像或是製作出的影像不需要印製出來，所以在各種電子媒體上呈現時，就會使用RGB的色彩模式。

✪ CMYK（Cyan、Magenta、Yellow、blacK）

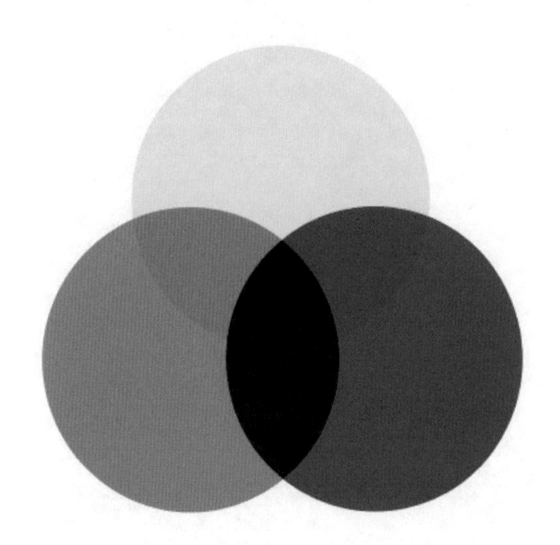

CMYK模式又稱爲印刷色模式，C代表青色，M代表洋紅色，Y2表黃色，K代表黑色，在軟體中這四種色版，是用百分比的方式做設定，也就是各種顏色油墨的印量，由於要印刷檔案文件都需經過印刷機作印製，因此使用者在軟體中，必須設定爲CMYK色彩模式，才能夠確保設計時所看到的顏色與印刷機印出的顏色相同。

✪ HSB（Hue、Saturation、Brightness）

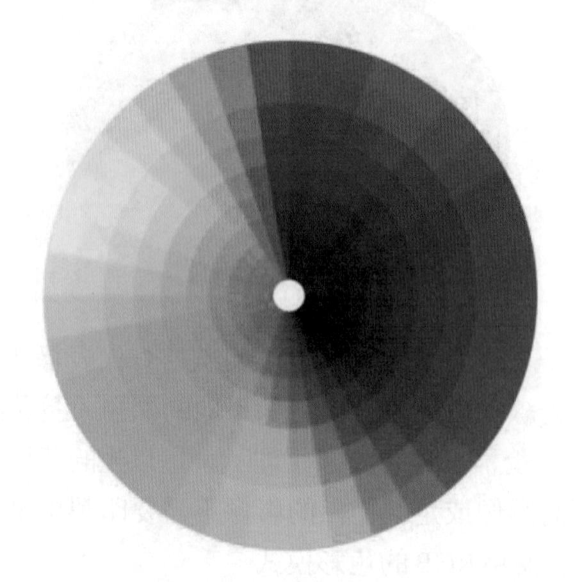

HSB分別代表：色相、飽和度與亮度。色相就是各種不同的顏色種類，飽和度就是顏色的濃度，亮度則是明亮的程度。

✦是非題

(　　) 1. 在Illustrator中，使用者可以自行建立工作區，以儲存慣用的工作區與面板配置。

(　　) 2. 若要顯示尺標，可執行「檢視」>「尺標」>「顯示尺標」，或是按鍵盤快速鍵[ctrl+R]。

(　　) 3. 若要變更尺標的單位，可執行「編輯」>「偏好設定」>「單位」，在「一般」欄位中選擇要更改的單位即可。

(　　) 4. 執行「檔案」>「轉存」，即可將檔案另存為PNG格式。

(　　) 5. 可使用「工作區域工具」或「工作區域面板」來變更工作區域的方向(直式或橫式)。

(　　) 6. LAB分別代表：色相、飽和度與亮度

(　　) 7. 輸出中心將稿件交給印刷廠時，是使用色採描述檔來作色彩校對。

(　　) 8. 在「新增文件」視窗中，可以設定文件尺寸、解析度、色彩模式和檔案命名。

✦選擇題

(　　) 1. 若要開啟某一個工作面板，要在那個功能表開啟？　(A)影像　(B)圖層　(C)編輯　(D)視窗。

(　　) 2. 使用者可以用那些方式在Illustrator中進行檔案的管理與檢視？(A)MiniMe　(B)檔案總管　(C)Kuler　(D)AdobeBridge。

(　　) 3. 關於色彩模式，下列敘述何者正確？　(A)RGB代表的是Red、Green、Black三種顏色　(B)CMYK代表的是Cyan、Magenta、Yellow、black四種顏色　(C)HSB代表的是Hue、Saturation、Blue　(D)以上皆是。

(　　) 4. Illustrator可以另存新檔成為以下哪三種檔案格式？（請選擇三個答案）(A)AI　(B)PDF　(C)PSD　(D)EPS

(　　) 5. 什麼是出血？　(A)你的工作區域，包含最重要內容　(B)工作延伸區域超出實際工作區域　(C)圖像的區域是彩色範圍　(D)裁剪標記的另一個名詞。

(　　) 6. 當列印插圖時，你如何確保油墨印刷後的頁面邊緣的頁面被正確修剪。(A)匯出您的圖像，解析度高兩倍　(B)在文件中增加出血的設定　(C)內容大小完全填充工作區域　(D)設定列印選項「額外填充」。

(　　) 7. 哪兩個選項，可以設置文件出血？（請選擇兩個答案）(A)新文件視窗　(B)檔案資訊面板　(C)列印預設視窗　(D)文件設定視窗。

(　　) 8. 在哪裡可以找到並使用智慧型參考線？　(A)在編輯功能表下拉式清單，請選擇「文件設定」(B)在編輯功能表下拉式清單，請選擇「偏好設定」(C)在檢視功能表下拉式清單，請選擇「智慧型參考線」(D)在選取功能表下拉式清單，請選擇「全部選取」。

(　　) 9. 如何讓你的工作流程更容易和更有組織？　(A)將專案項目組合在一起　(B)建立多個工作區域　(C)使用工作區域來組織您的項目面板　(D)使用點滴筆刷工具結合項目。

(　　) 10. 下面關於Illustrator的界面描述何者正確？　(A)開啓軟題時會自動開啓一個新文件，新文件的大小為A4，色彩模式為RGB　(B)啓動軟體後，使用者不能自行確定啓動後的工作區配置　(C)任何一個工作面板中包含的項目是固定的　(D)工具箱中的工具圖標的右下角有一個黑色的小三角，表示這個工具中還包含其它工具。

(　　) 11. 下列有關顏色模式的描述何者正確？（請選擇三個答案）(A)HSB指的是色相、飽和度、亮度　(B)Illustrator中有三種顏色模式　(C)灰階就是使用不同濃淡的灰色來表示物件　(D)RGB指的是紅色、綠色、藍色。

CHAPTER

05

使用 Illustrator 建立圖形(一)

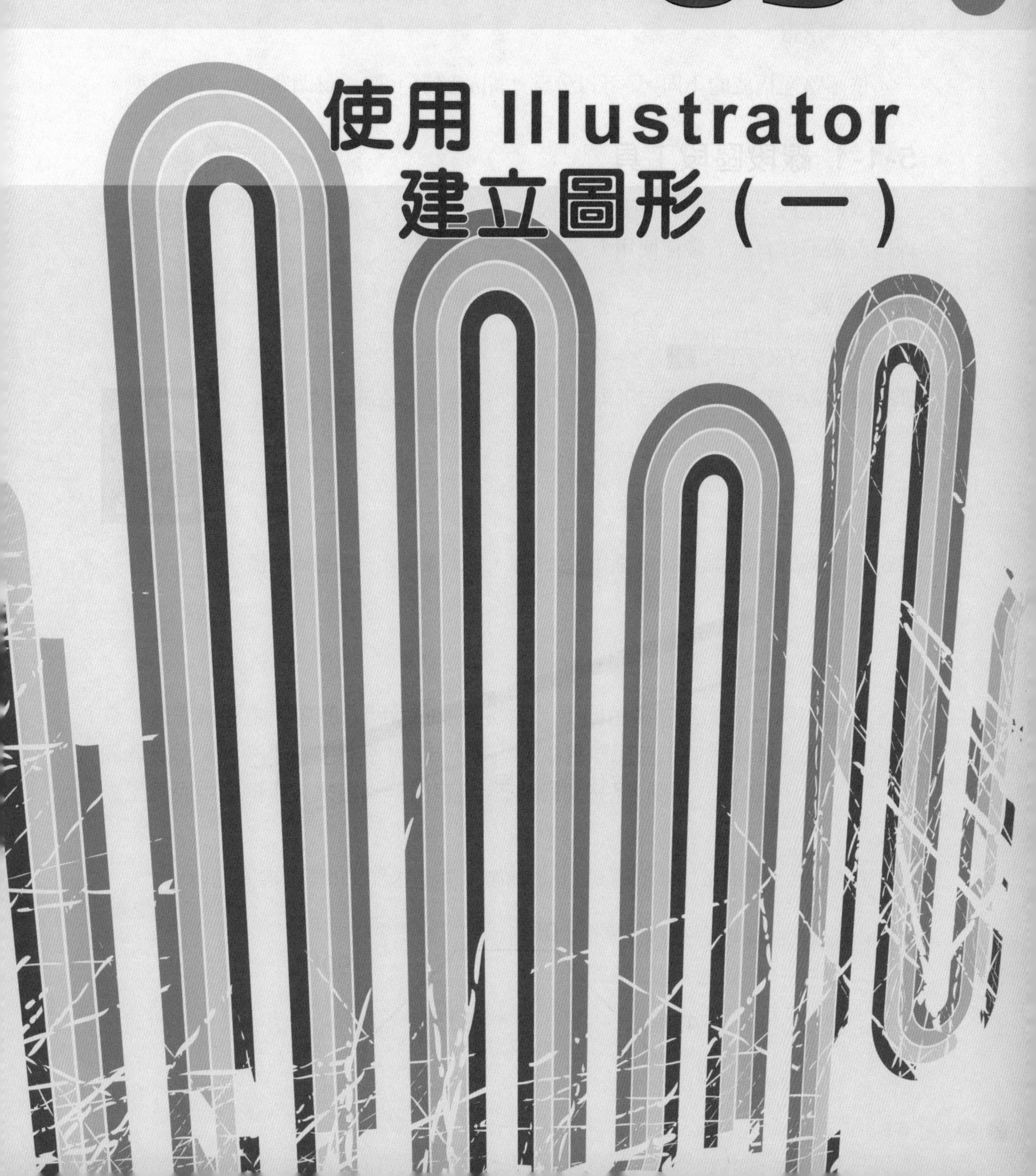

5-1 路徑

在Illustrator中建立圖形時，是以「路徑」爲單位進行繪製，而每一個路徑都是由「錨點、筆畫、填色」三個部分組成，兩個錨點可以連成一段最基本的路徑；而三個錨點彼此連結的路徑，則可形成一個封閉的填色；構成路徑的線條，則爲筆畫。

依照路徑構成的不同，又可以分爲「開放路徑」與「封閉路徑」兩種類型。

5-1-1 線段區段工具

線段區段工具是最常使用的開放路徑工具之一，通常用來繪製直線線段，線段區段工具有以下幾種使用方式。

任意繪製

01 選擇線段區段工具 。

02 點選填色方塊，再點選右下角的「無」，將填色設定為透明。

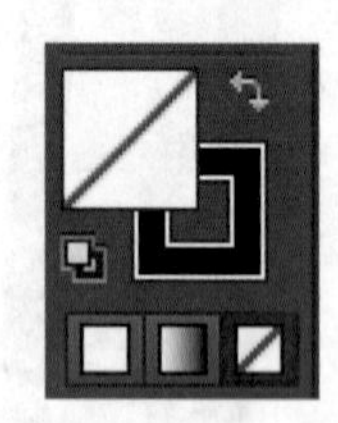

03 使用線段區段工具，在畫面上拖曳滑鼠，即可繪製出一條直線路徑。

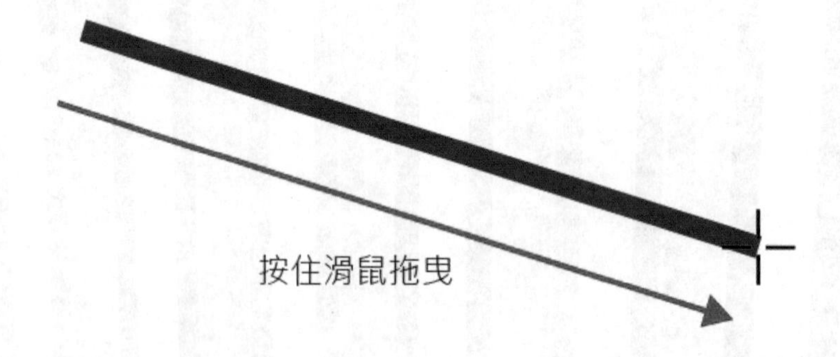

04 若在拖曳滑鼠時按住Shift鍵，則可以繪製出垂直/水平/45度角的直線線段。

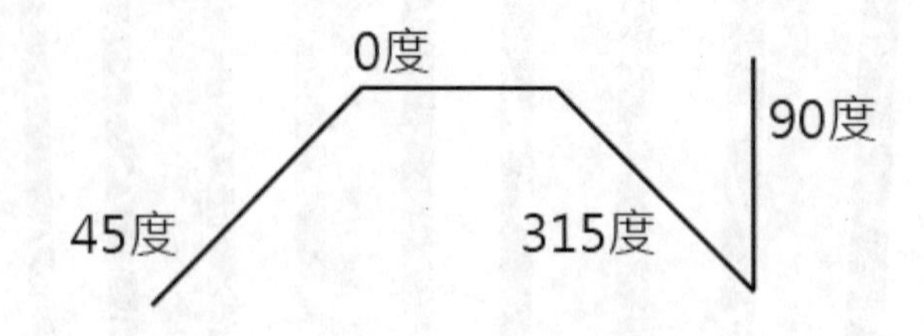

輸入特定數值

01 選擇線段區段工具 ，在文件視窗上點擊滑鼠左鍵一下，即會自動開啓「線段區段工具」對話視窗。

02 輸入所需要的長度、角度，再按下確定鈕，即可完成繪製。

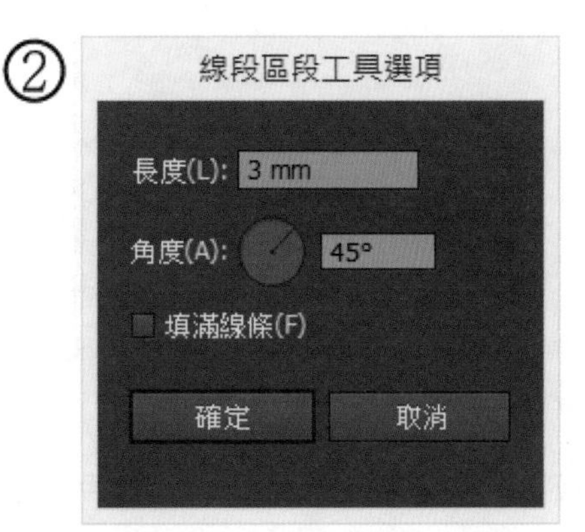

5-1-2 形狀工具

形狀工具組中有五個繪製封閉路徑的工具 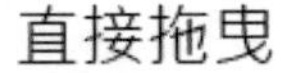 。

繪製矩形封閉路徑

01 點選矩形工具 。

02 點選填色方塊，再點選右下角的「無」，將填色設定為透明。

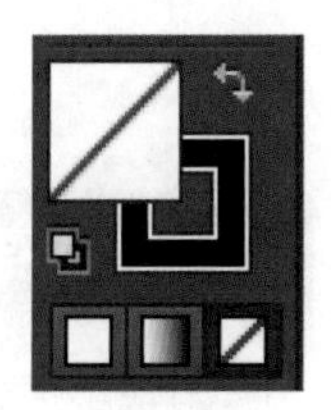

03 在文件視窗中直接拖曳，即可繪製出一個矩形的封閉式路徑。

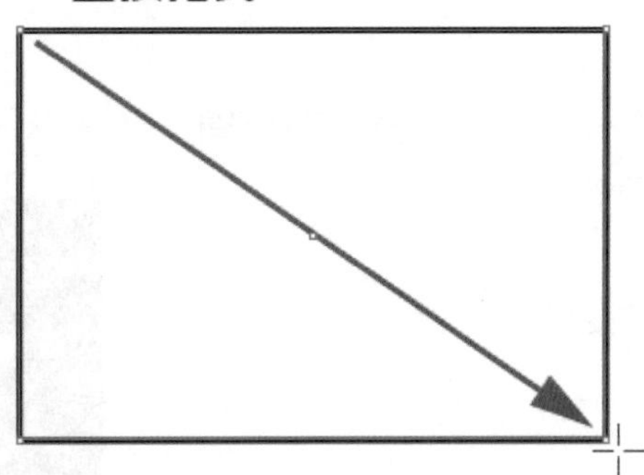

04 若按住Shift鍵拖曳，即可繪製出一比一等比例的正方形。

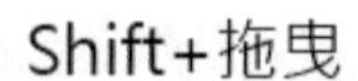

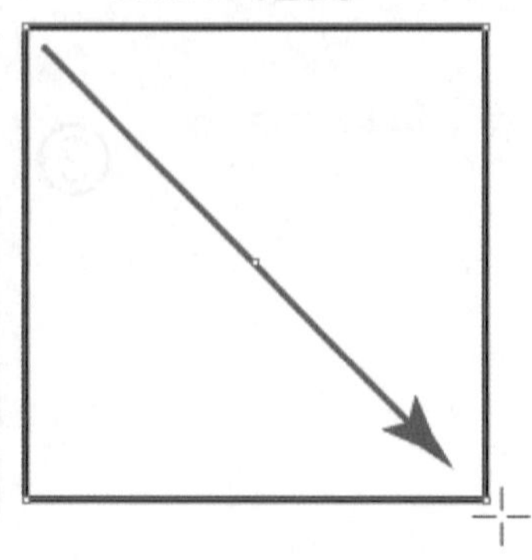

05 若按住Shiht鍵+ Alt鍵拖曳，即可繪製出以中心為起始點的正方形。

Shift+Alt+拖曳

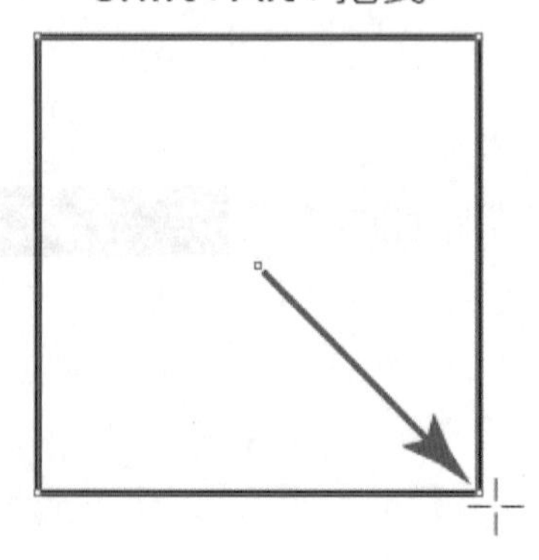

TIPS

圓角矩形工具與橢圓形工具的繪製方式與矩形工具相同。

輸入特定數值繪製矩形

01 選取矩形工具 。

02 在文件視窗上單點擊一下滑鼠左鍵，即可開啓「矩形工具」的對話視窗。

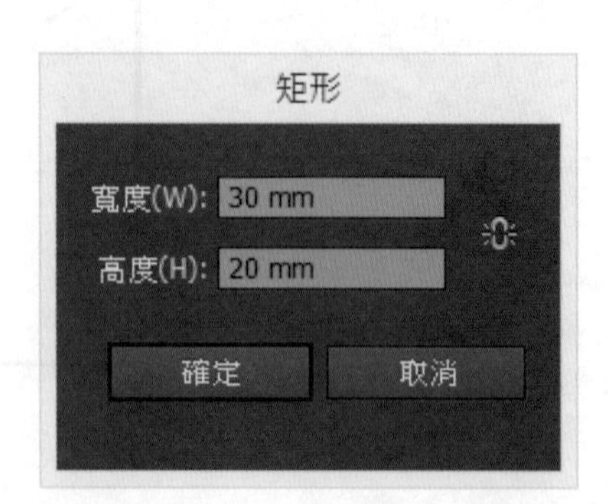

03 輸入所需的寬度與高度，按下確定後即完成繪製。

圓角矩形工具與橢圓形工具的也可以使用同樣的方式進行繪製，其中圓角矩形工具則多了一個圓角半徑的選項。

5-2 路徑調整

除了使用幾種幾何工具繪製路徑之外，繪製出的路徑也可以進一步進行調整，使用者可以使用直接選取工具 做路徑的修改與微調，以使路徑達成想要的角度與形狀，而路徑是由錨點和區段組成，因此路徑的修改可分為兩種方式；而彎曲的路徑則可以利用錨點上的貝茲線進行調整。

5-2-1 移動錨點

01 選擇直接選取工具 ，接觸到錨點時，滑鼠游標會變成 圖示。

02 點擊或框選錨點，被點選的錨點會呈現實心狀態，未被選取的錨點則會呈現空心狀態。

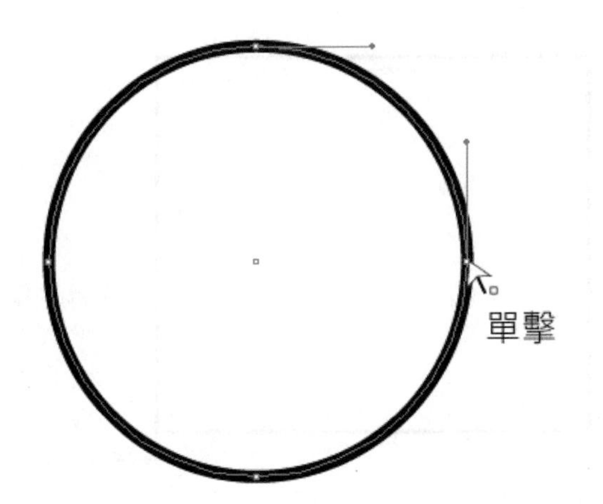

03 使用直接選取工具，點選錨點並拖曳，移動錨點位置時，被移動的路徑會呈現藍色細線的預覽狀態。

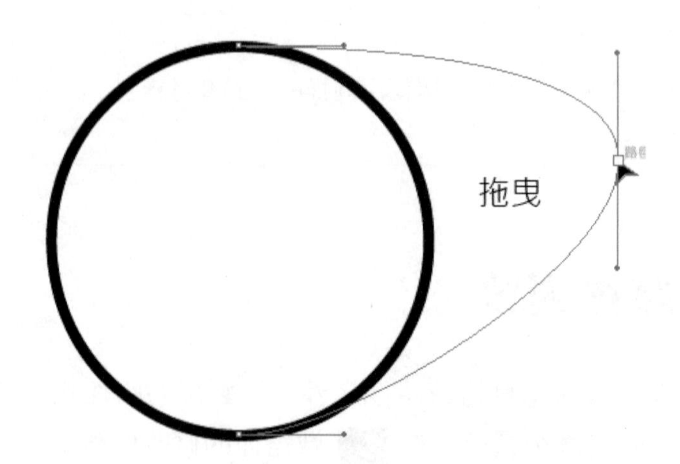

04 調整到所需要的形狀時，再放開滑鼠左鍵即可。與錨點連接的區段將會同時受到調整。

5-2-2 移動區段

01 選擇直接選取工具 ，接觸到區段時，滑鼠游標會變成 圖示。

02 使用直接選取工具，按住區段並拖曳，移動區段位置時，被移動的路徑會呈現藍色細線的預覽狀態。

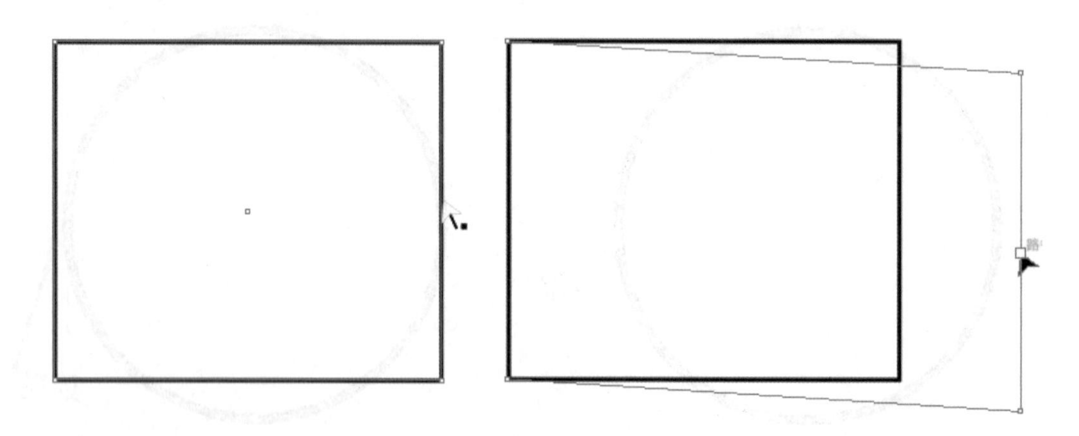

03 調整到所需要的形狀時，再放開滑鼠左鍵即可。

5-2-3 貝茲

貝茲曲線是利用錨點與控制點來繪製曲線，用移動控制點的方式來調整曲線弧度，藉此可輕鬆簡單地繪製出平滑的弧形與曲線。

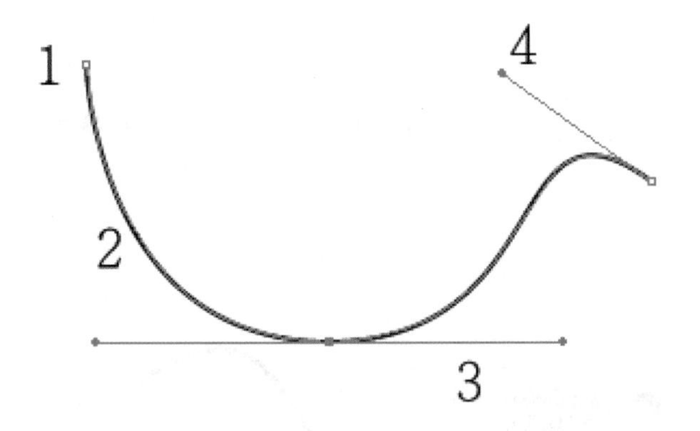

① 錨點：曲線的起始點

② 區段：各錨點之間的曲線

③ 控桿：用以調整曲線的傾斜度與彎曲度

④ 把手：用來移動方向線以調整曲線型態

調整貝茲曲線

01 選擇直接選取工具 (鍵盤快速鍵為 A)，點擊錨點，該錨點的貝茲控桿就會出現。

02 拖曳控桿末端的把手，即可調整曲線的傾斜度與彎曲，鬆開滑鼠左鍵即完成曲線調整。

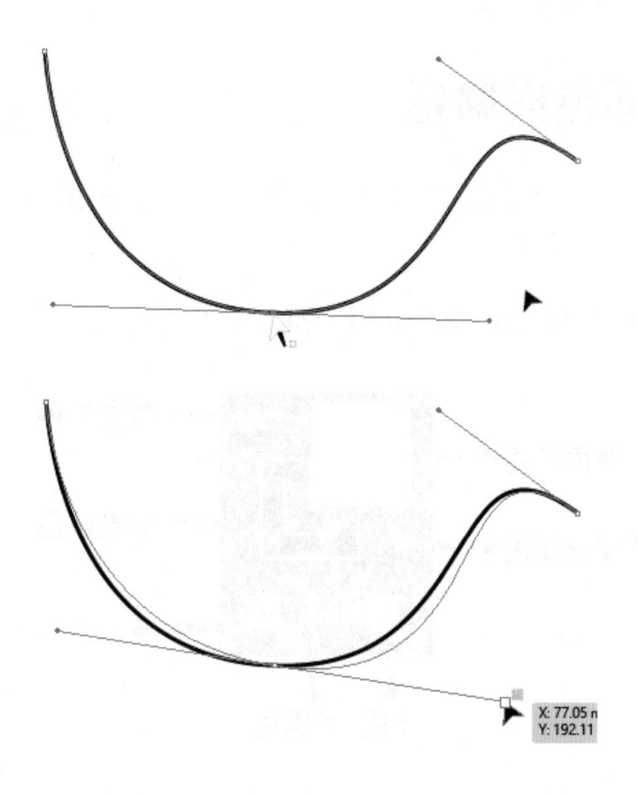

單邊調整貝茲控桿

在貝茲曲線中，錨點的左右兩邊控桿會保持一直線，移動一邊控桿，另一端會跟著移動，這樣可以保持曲線是平滑的狀態。若要單獨調整錨點某一邊的把手時，則可以用以下方式做調整：

01 使用直接選取工具 。

02 按住Alt鍵，滑鼠游標會變成 ，此時拖曳控桿末端的把手，可以做單邊調整。

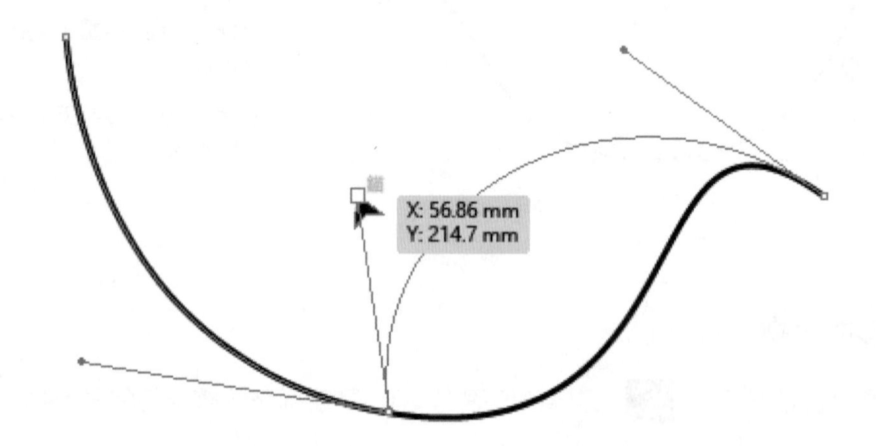

一旦針對控桿做過單邊調整，此錨點的控桿將一分爲二，之後在調整時，兩邊控桿將不會同步被調整。

5-3 顏色與圖樣

在Illustrator中，上色最基本分爲兩種：填色與筆畫。填色是「面」的色彩，筆畫是「線」的色彩。

在左方工具列的填色與筆畫介紹，如下圖所示。

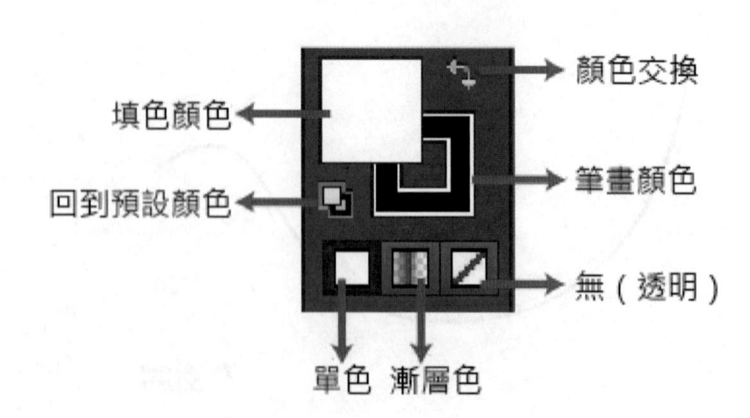

➡ **「填色」、「筆畫」**：雙擊「填色」或「筆畫」方塊，即可開啓色彩檢色器設定顏色。

➡ **切換填色與筆畫**：點擊此雙箭頭，可將填色與筆畫的顏色互換。

➡ **預設的填色與筆畫**：點擊此圖示，可將填色與筆畫回歸爲預設的「填色白、筆畫黑」。

➡ **顏色**：預設的狀態下，填色與筆畫皆爲「單色」。

➡ **漸層**：點擊漸層鈕，即可在填色或筆畫套用預設「黑到白的漸層」。

➡ **無(透明)**：可將填色或筆畫設爲透明。

5-3-1 著色

使用色彩檢色器設定顏色

01 選取物件，點擊左方工具列的填色與筆畫，開啓檢色器設定顏色。

02 首先拖曳檢色器中央的色彩光譜條，接著在左邊方形框內點擊想要設定的顏色，再按下確定即可。

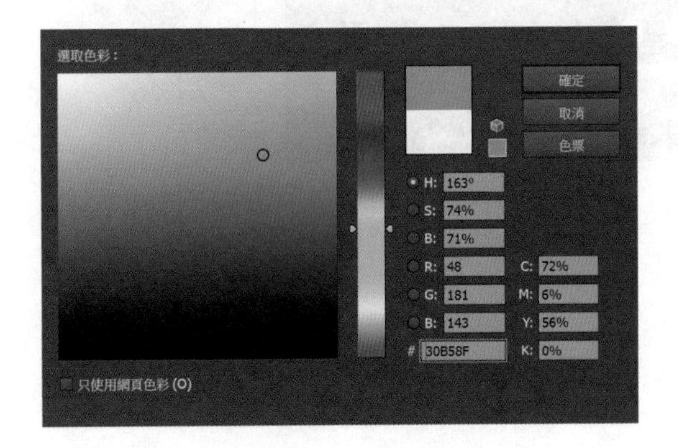

直接輸入色碼或是直接輸入顏色的數值，也可以設定想要填入路徑中的顏色。

使用控制列設定顏色

01 選取物件，點擊上方控制列的填色或筆畫，開啓色票面板設定顏色。

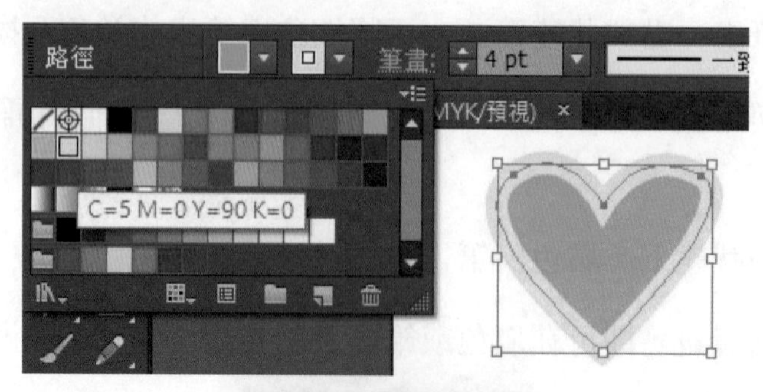

02 若按住Shift鍵點擊上方控制列的填色與筆畫，則會開啓可輸入數值的色彩面板。

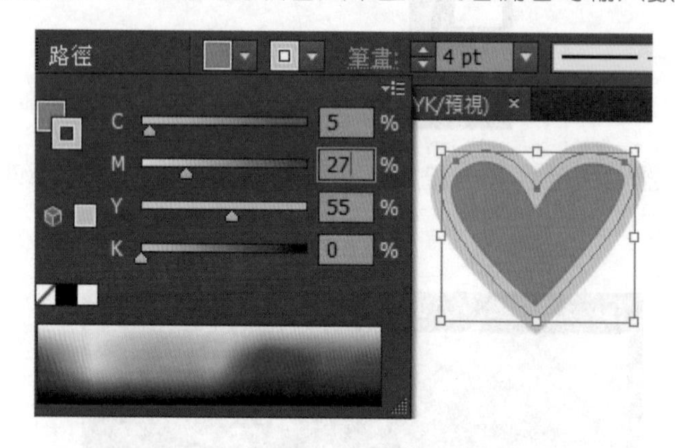

使用顏色面板 設定顏色

01 選取物件，開啟右方顏色工作面板設定顏色。

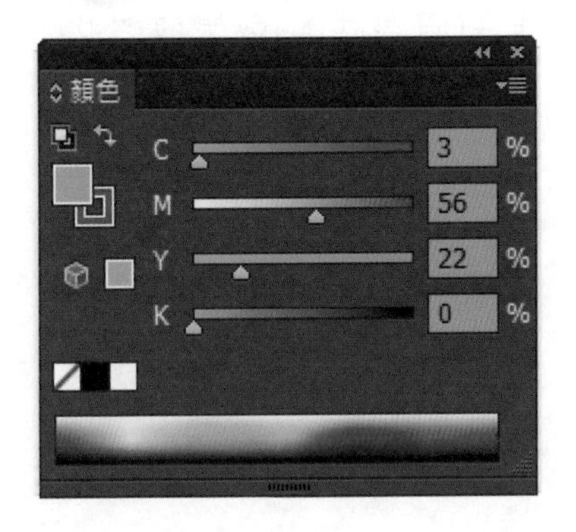

02 使用光譜設定顏色：點擊顏色工作面板上的光譜，也可以設定顏色。

使用色票面板 設定顏色

選取物件，開啟右方色票工作面板設定顏色。

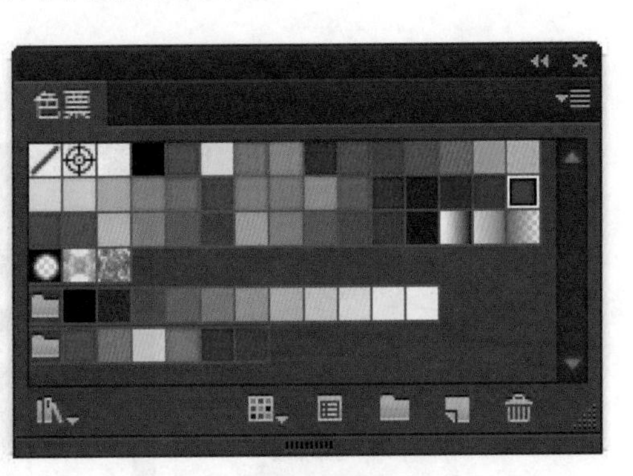

5-3-2 漸層

01 選取物件，開啟右方漸層工作面板，選擇漸層類型為線性(直線狀態)或是放射狀(圓形擴散)。

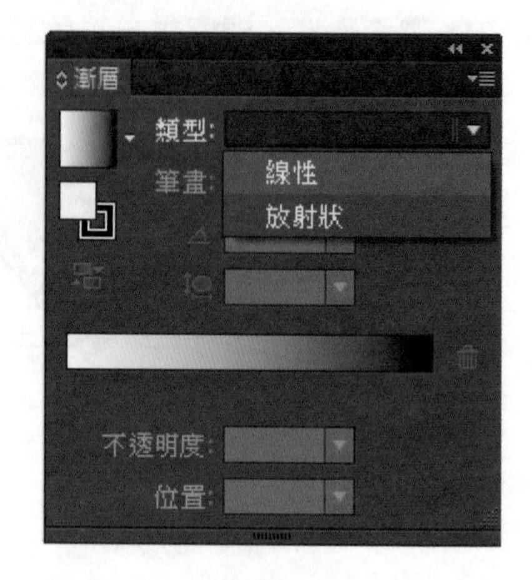

02 選好漸層類型後，會自動套用預設值白到黑漸層。

03 雙擊漸層色標，可開啟漸層的色票與顏色面板來設定顏色。

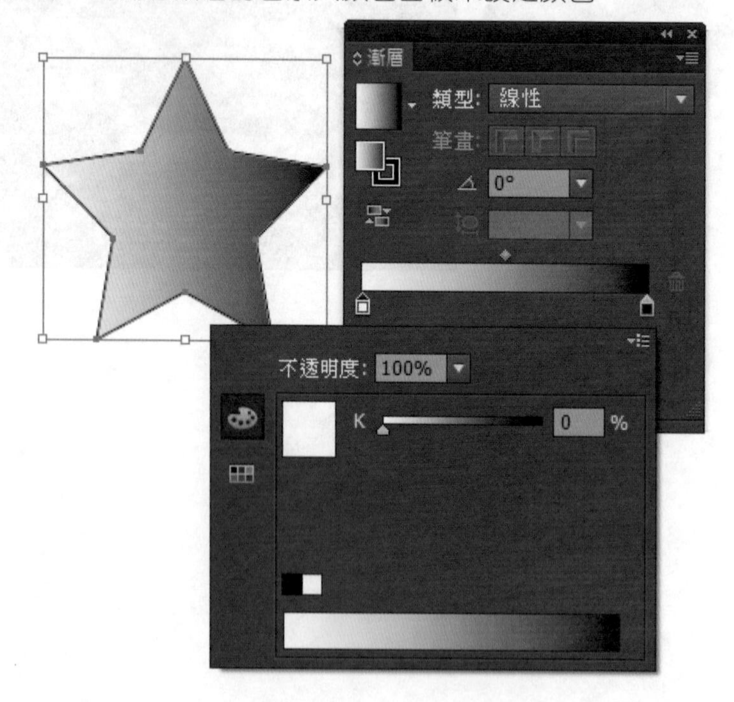

04 漸層色標的顏色面板預設值為灰階，點擊右上方選項鈕開啓選單列，可更改色彩模式設定。

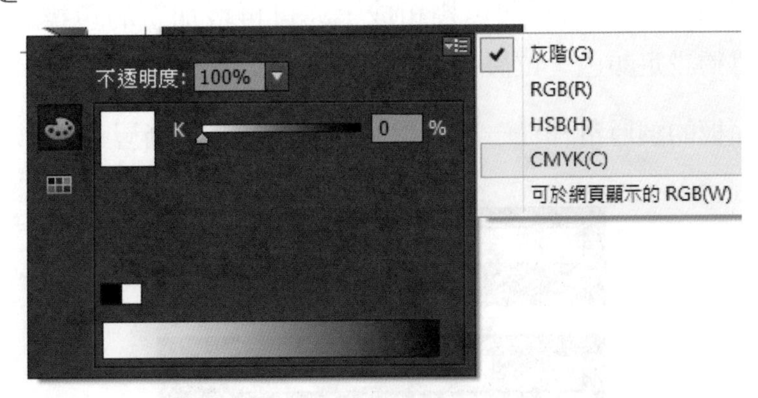

05 更改色彩模式後，可使用顏色面板設定漸層色標的顏色，拖曳色標、輸入數值或是點擊光譜條設定顏色即可。

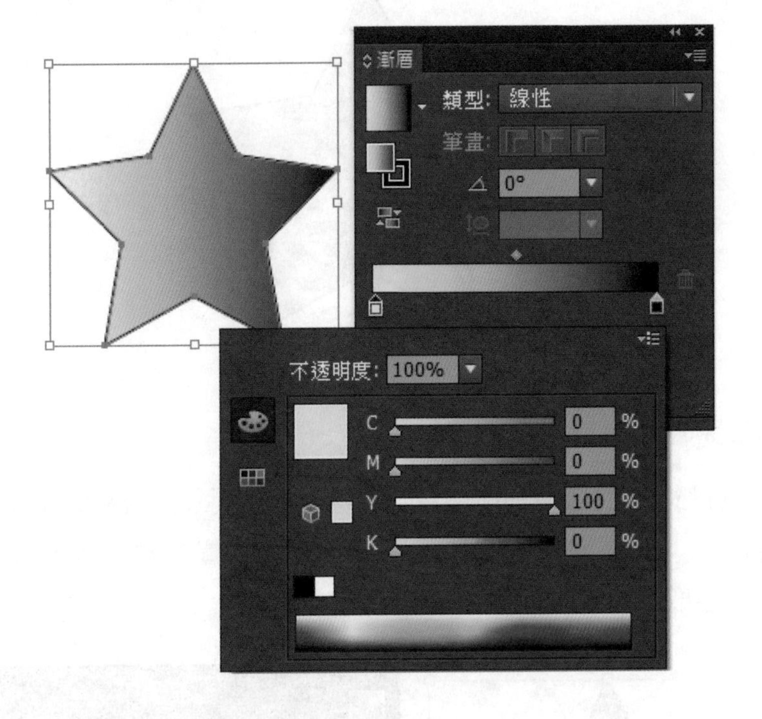

增加漸層色標以增加漸層顏色

漸層是由基本的兩個兩個色標組成，亦可再增加新的色標，每個漸層色標，都可以單獨設定顏色、位置、透明度。

在漸層面板的鍵層滑桿任一處點擊，即可新增一個漸層色標。

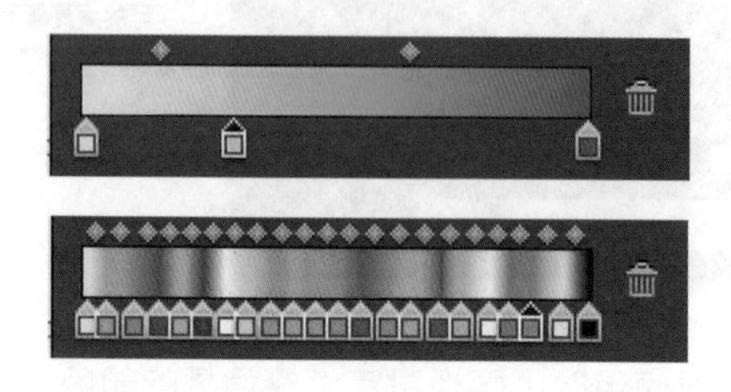

刪除漸層色標

將漸層色標往漸層工作面板外拖曳，即可刪除該色標，同時該色標設定的顏色也會消失；或是點擊選取要刪除的色標，再點擊漸層面板上的垃圾桶圖示，亦可刪除選取的色標。

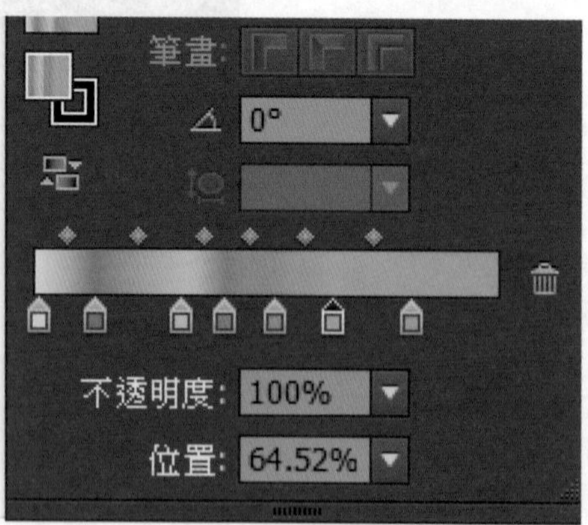

設定漸層色標的位置與透明度

01 選取色標後，可設定顏色的透明度(0-100%)與位置(0-100%)。

02 有設定透明度的色標滑桿，會呈現半透明灰白格子的狀態，用以顯示透明度。

03 位置是指漸層色標在漸層滑桿上的位置，最左邊是0，最右邊是100。

若要能清楚檢視物件透明的範圍，可點選 檢視選單列的 顯示透明度格點。

顯示透明度格點(Y) Shift+Ctrl+D

開啓顯示透明度格點後，整個顯示作業區會呈現灰白格子狀，此代表透明的作業區背景。

若物件呈現完整色彩，未能看見物件背後的灰白格子，即代表此物件並無透明色彩（如左邊星星）。

若物件有部分可見灰白色格子，即代表此物件有部分設定爲透明或半透明色彩（如右邊星星）。

使用漸層面板調整漸層角度

選取物件，於漸層面板設定角度。

使用漸層工具調整漸層角度與範圍

01 選取物件

02 點擊漸層工具 ，被選取之漸層物件上會顯示漸層控桿。

03 使用漸層工具任意拖曳，鬆開滑鼠左鍵後，漸層就會依照拖曳的斜線長度與角度套用變更。

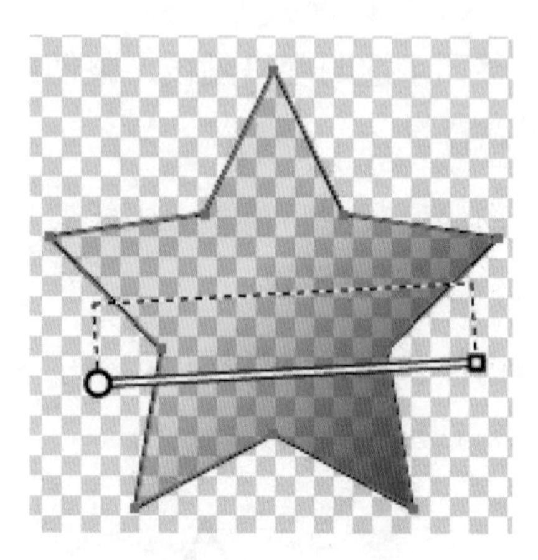

使用漸層工具調整放射狀漸層

01 選取物件後，選擇漸層工具，任意拖曳。

02 使用漸層工具拖曳時，出現的圓形虛線代表漸層拖曳的範圍以及顏色的區塊。

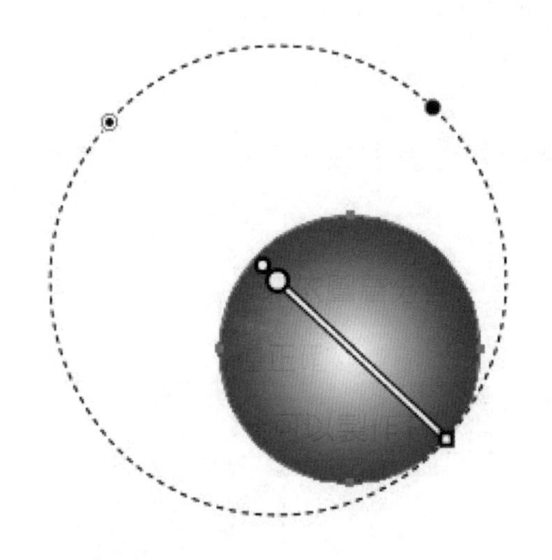

5-3-3 圖樣

圖樣是一種色票，可以用一小張圖製作無縫接軌、無限重複的大圖。例如常見的禮品包裝紙、花布、背包圖樣…等，使用圖樣編輯功能使我們能夠很簡單迅速地完成看似繁瑣的圖樣設計。

製作圖樣

01 任意繪製圖形，將欲建立為圖樣的物件選取後，執行 「物件選單」>「圖樣」>「製作」，進入圖樣編輯模式。

TIPS

或是選取欲建立為圖樣的物件，再拖曳進色票面板內，此時可將該物件製作為色票，雙擊色票面板內的色票圖示，亦可進入圖樣編輯模式。

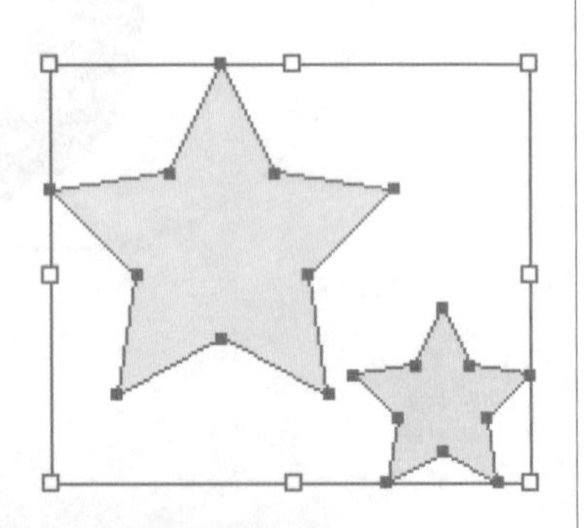

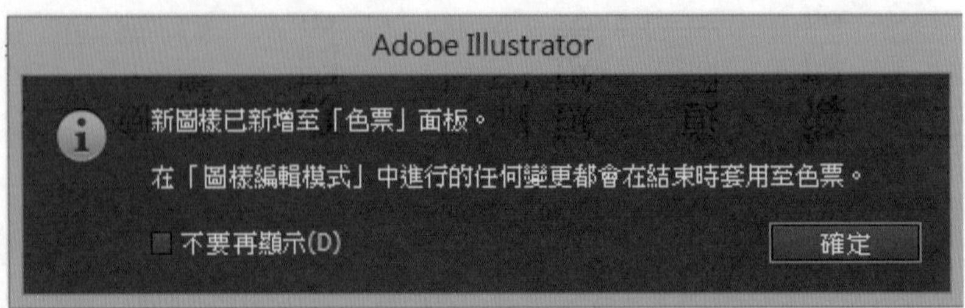

02 在圖樣編輯模式中，可見「圖樣選項」面板，以及作業視窗中被藍色框住的圖示。

藍色框範圍中的物件，是我們最初繪製的那兩顆星星，可以點選星星並編輯。

藍色框的尺寸，預設值是依照最初繪製的物件經框選後，產生的編輯框尺寸為依據。

在藍色框範圍外的物件，則是Illustrator自動拷貝拼貼而成。是無法點選編輯的。

圖樣拼貼類型

拼貼類型：格點

➡ **格點**：類似棋盤格子的排列方式，稱爲格點。格點的拼貼尺寸依據圖樣選項面板的寬高設定。

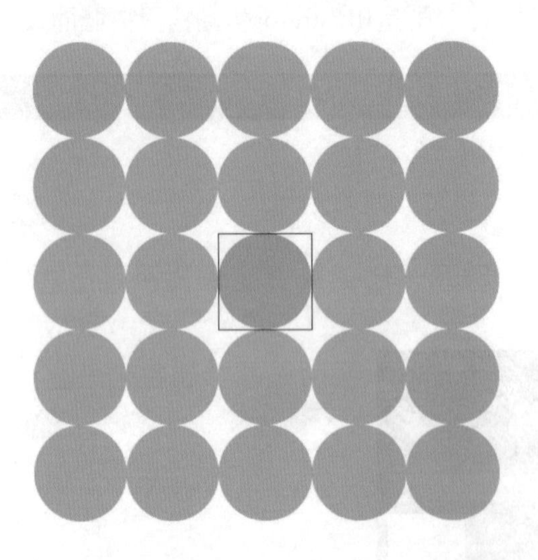

拼貼類型：磚紋依橫欄

➡ **磚紋依橫欄**：近似於紅磚牆排列的方式，上下橫列是左右錯開的。拼貼尺寸依據圖樣選項面板的寬高設定。

拼貼類型： 磚紋依直欄

➡ **磚紋依直欄**：近似於磁磚左右欄高低錯開的排列方式。拼貼尺寸依據圖樣選項面板的寬高設定。

磚紋依直欄和磚紋依橫欄皆有 磚紋位移 磚紋位移： 1/2 可設定。
預設的位移數為 1/2，可設定為 4/5~ 1/4。

拼貼類型： 十六進位依直欄

➡ **十六進位依直欄**：預設值，物件周圍呈現正六邊形的藍色框範圍，並依據正六邊形狀去做垂直左右欄錯開的拼貼。拼貼尺寸依據圖樣選項面板的寬高設定。

拼貼類型：⬡ 十六進位依橫欄

➡ **十六進位依橫欄**：預設值，物件周圍呈現正六邊形的藍色框範圍，並依據正六邊形狀去做上下排錯開的拼貼。拼貼尺寸依據圖樣選項面板的寬高設定。

套用圖樣

01 使用直接選取工具 點選欲套用圖樣之物件(男孩的口罩)。

02 圖樣是要套用在填色上，因此要確認填色方塊在上方，筆畫方塊在下方。

填色方塊在上，圖樣就會套用在填色。若是筆畫方塊在上，則會套用在筆畫上。

03 開啟色票面板 ，在欲套用的圖樣色票上點擊一下，即完成圖樣套用。

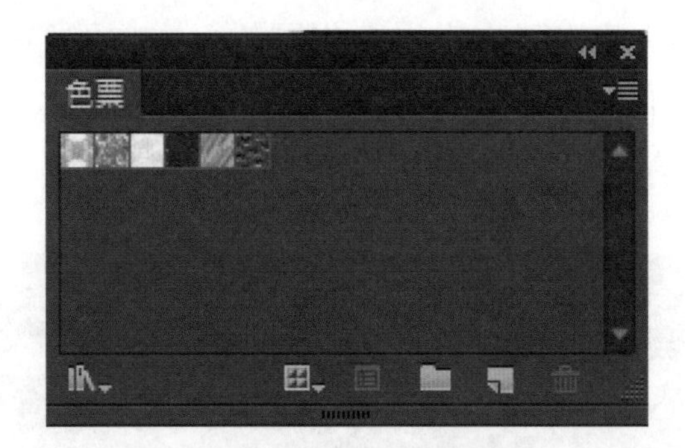

04 完成圖樣套用在填色後，可見填色方塊呈現圖樣的縮圖。

5-3-4 符號

符號工具可以很快速的製作出很多相同的元素，例如落葉、花朵、泡泡、雪花…等。經由符號工具製作出的符號，縱使肉眼看起來有非常多個，實際的容量還是只有一個，意指大量使用相同符號並不會使檔案容量變大。

使用符號

01 開啟符號工作面板 點選所需要用的符號。

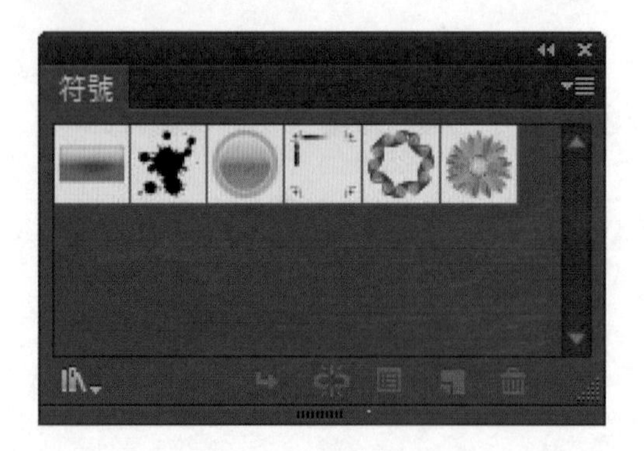

02 點擊符號面板左下方開啟符號資料庫選單，可挑選所需要使用的各種符號。或是點擊視窗 > 符號資料庫也可選擇各種所需的符號。

03 這邊以「慶祝」符號為例，先點選所需要使用的符號「煙火」。

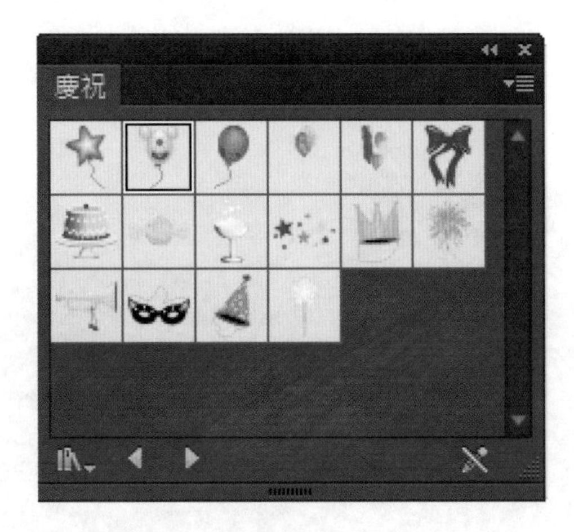

04 接著在左方工具箱選擇符號噴灑器 。

05 在作業視窗中拖曳，即可將選定的符號噴灑出來。

06 鬆開滑鼠左鍵後，會發現同一個符號噴灑出來的都長的一樣，此時可以使用其他符號工具來做微調。

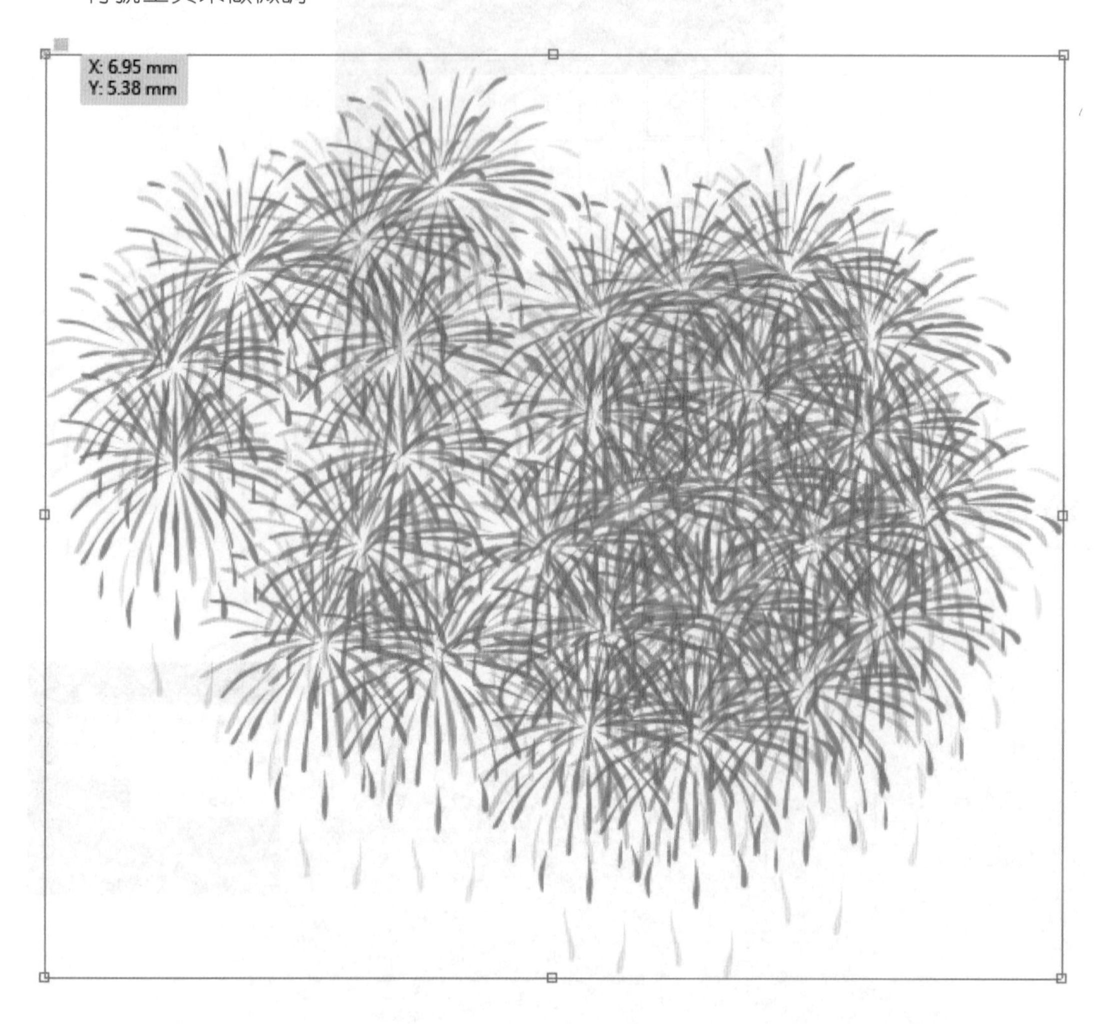

07 保持作業視窗中符號的選取狀態，滑鼠左鍵按住符號噴灑器工具 不放，即可開啓其餘符號工作選單。

08 使用符號工具後，滑鼠游標會呈現各符號工具的圖示，以及一個圓形範圍，此為符號工具的筆刷影響範圍。

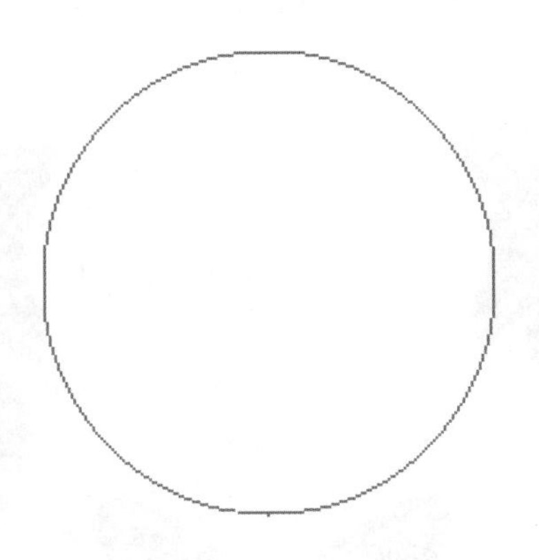

符號噴灑器工具 (Shift+S)

➡ **符號噴灑器工具**：用點擊或是拖曳的方法來撒下符號，搭配「ALT鍵」使用，噴灑的符號會減少。

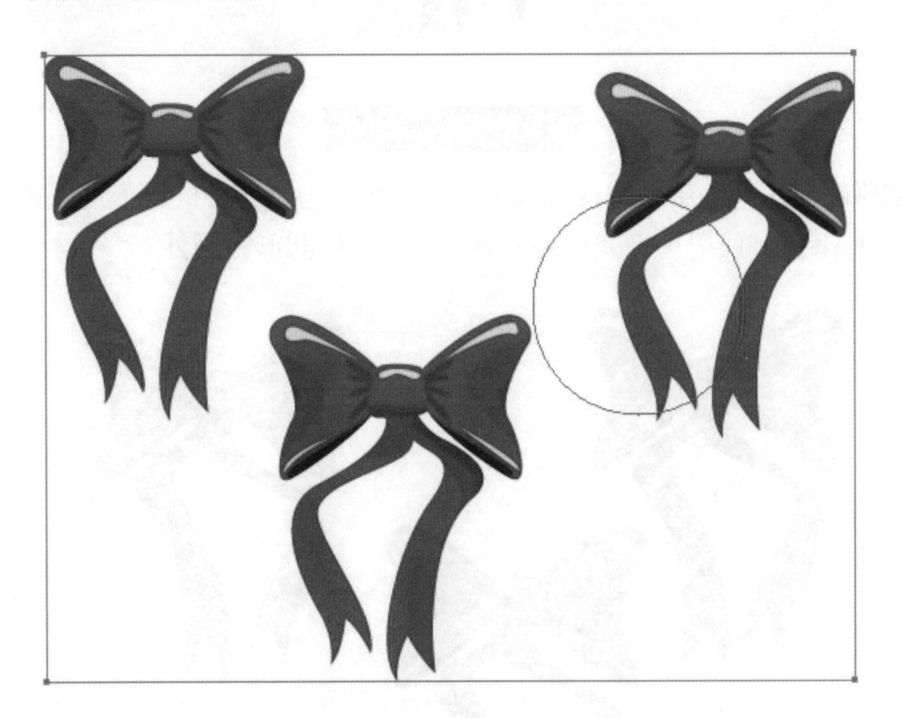

符號偏移器工具

➡ **符號偏移器工具**：使符號往滑鼠拖曳的方向移動，以變更符號的位置。

符號壓縮器工具

➡ **符號壓縮器工具**：用點擊或拖曳後，符號會往滑鼠游標的圓形範圍內壓縮，搭配「Alt鍵」使用，符號會擴散到滑鼠游標的圓形範圍外。

符號縮放器工具

➡ **符號縮放器工具**：點擊或拖曳後，可以將符號變大，搭配「Alt鍵」使用，可以縮小符號。

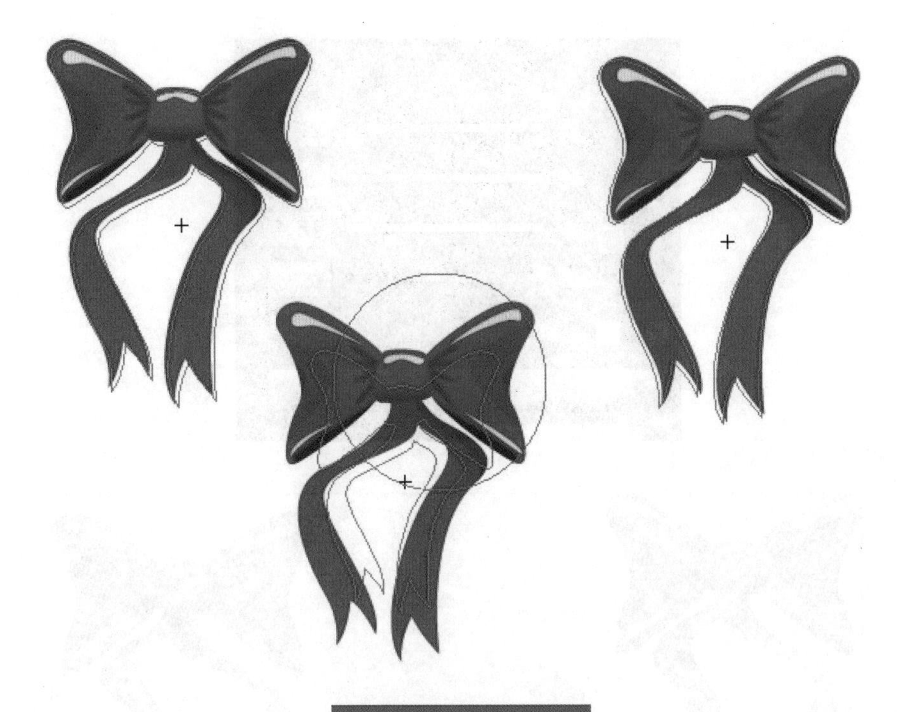

符號旋轉器工具

➡ **符號旋轉器工具**：隨著滑鼠拖曳的角度，使符號往拖曳的方向旋轉。

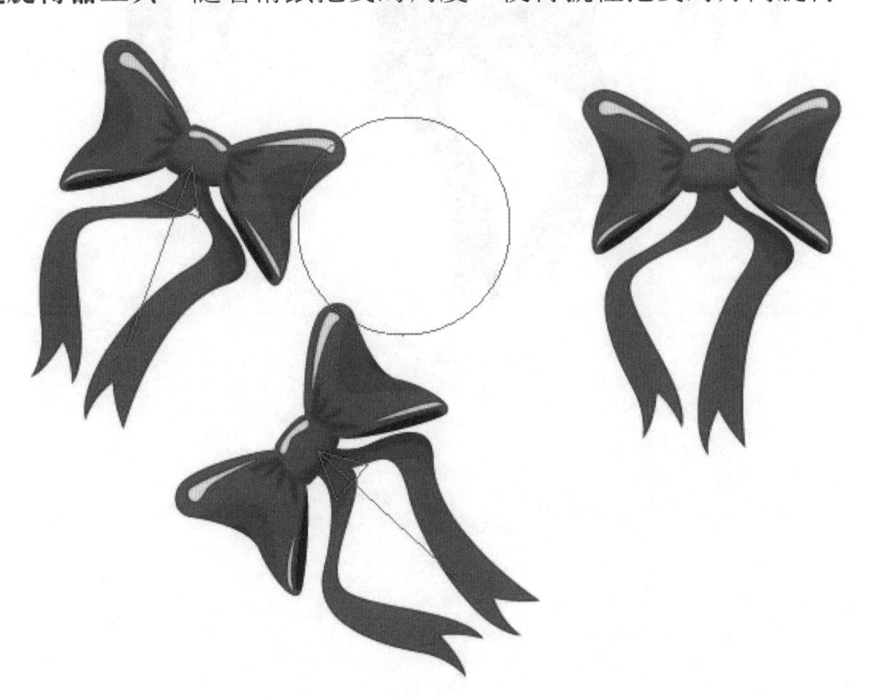

符號著色器工具

➡ **符號著色器**工具：先指定顏色，點擊符號後，可將此指定顏色自然的渲染到符號上。

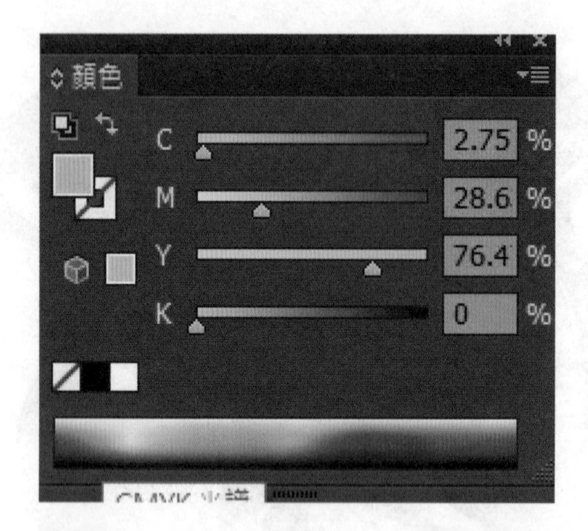

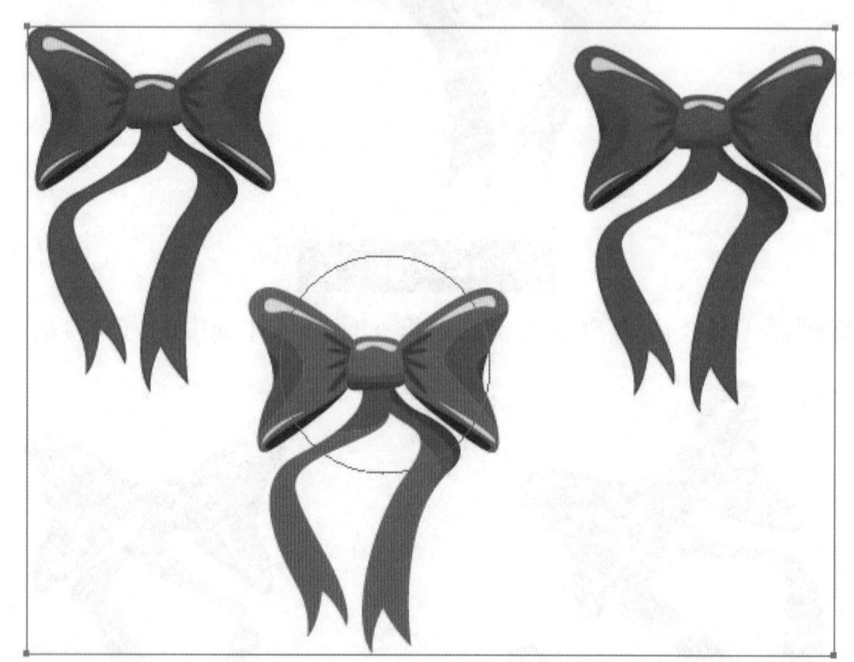

符號濾色器工具

➡ **符號濾色器工具**：點擊或拖曳後，可將符號變爲透明，搭配「Alt鍵」使用，就可使符號恢復鮮豔。

記得先將 視窗 > 顯示透明度格點 開啓，才可清楚明辨符號的透明度效果。

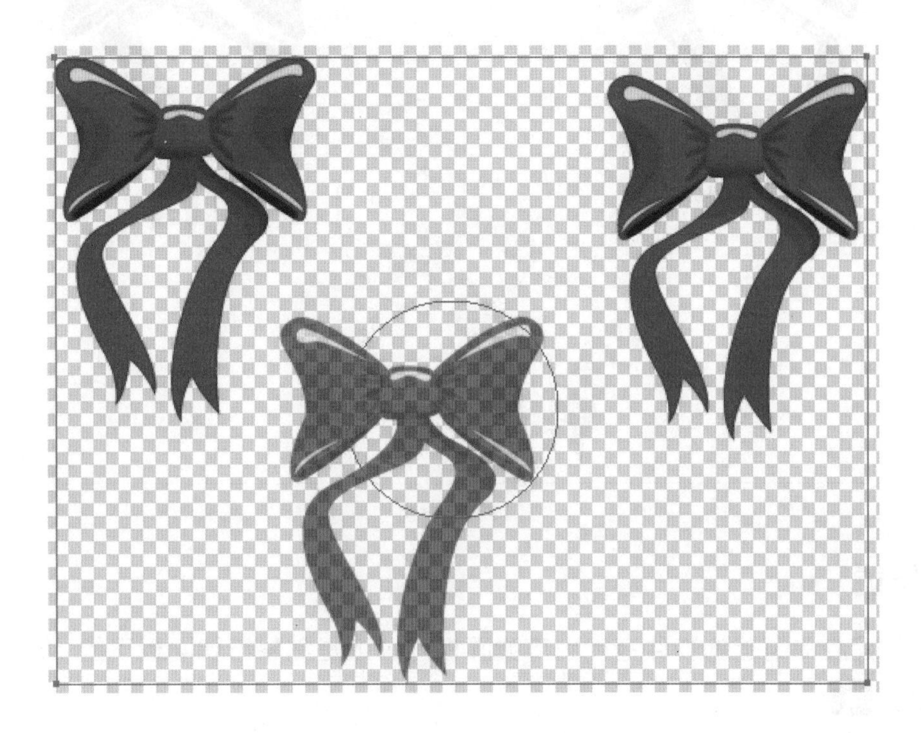

符號樣式設定器工具

➡ **符號樣式設定器工具**：可以把繪圖樣式面板 上選擇的樣式，套用在符號上。

點擊繪圖樣式面板左下方開啓繪圖樣式資料庫選單，可挑選所需要使用的各種樣式。或是點擊 視窗選單列 > 繪圖樣式資料庫也可選擇各種所需的樣式。

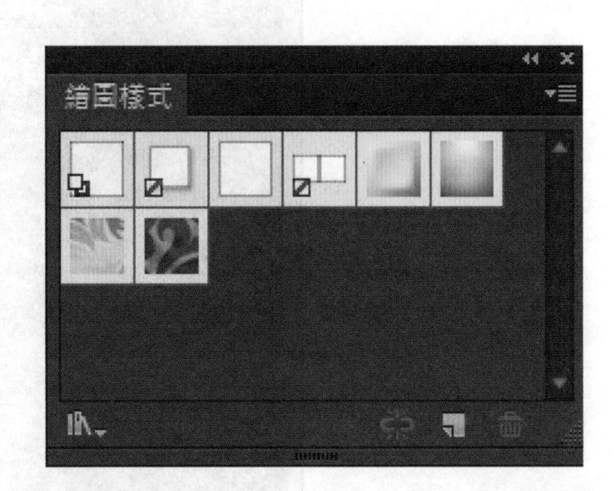

以繪圖樣式「黃昏」套用爲例。

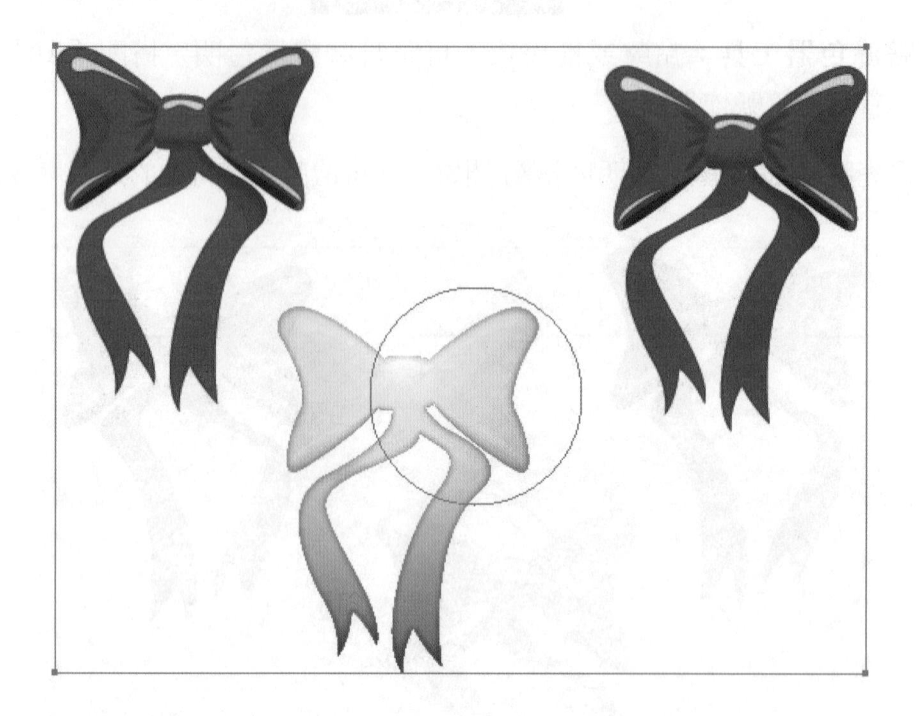

製作符號

01 將欲建立為符號的物件拖曳到符號面板內，或是點擊符號面板下的「新增符號鈕」 。

02 在「符號選項」對話方塊中輸入名稱。

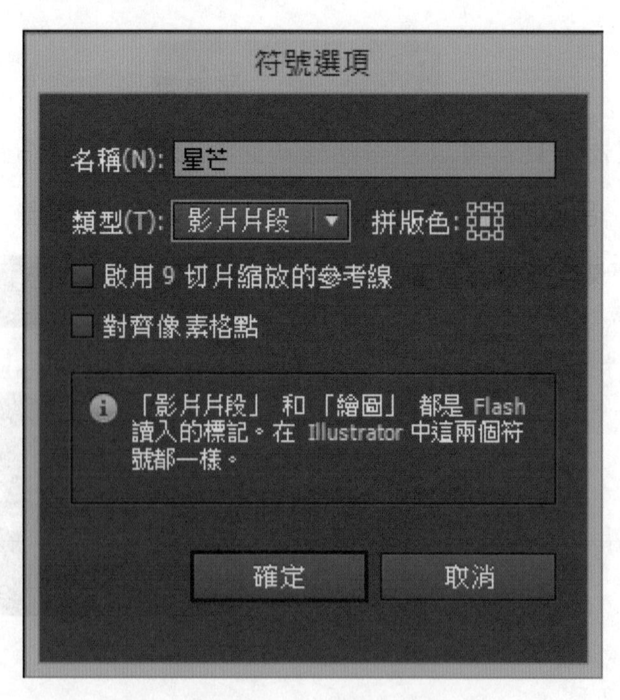

03 按下確定後，即可在符號面板內見到「星芒」符號的縮圖。

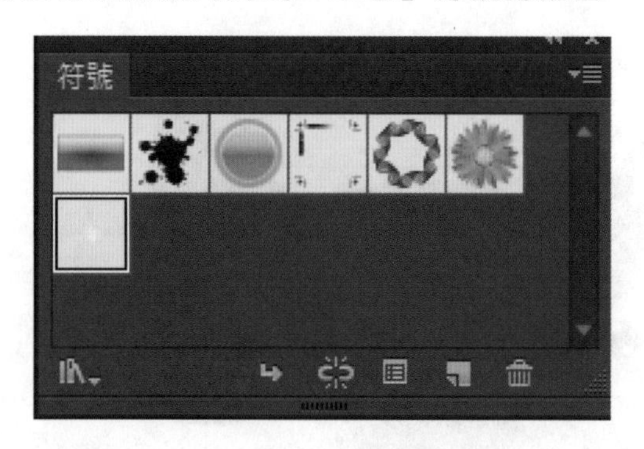

04 點擊「星芒」符號，就可使用符號噴灑器工具 噴灑。

5-3-5 色彩指南

畫完插圖後，會進入配色的思考階段，不同色系的搭配可以爲插圖產生不同的風格。色彩參考工作面板 可以作爲我們配色時期的參考指南，它會依據工具列中的顏色，來建議我們可參考使用的色彩。使用方式如下：

01 點選物件，使工具列的填色顯示為狐狸頭部的顏色。依此為色彩參考的主要色彩。

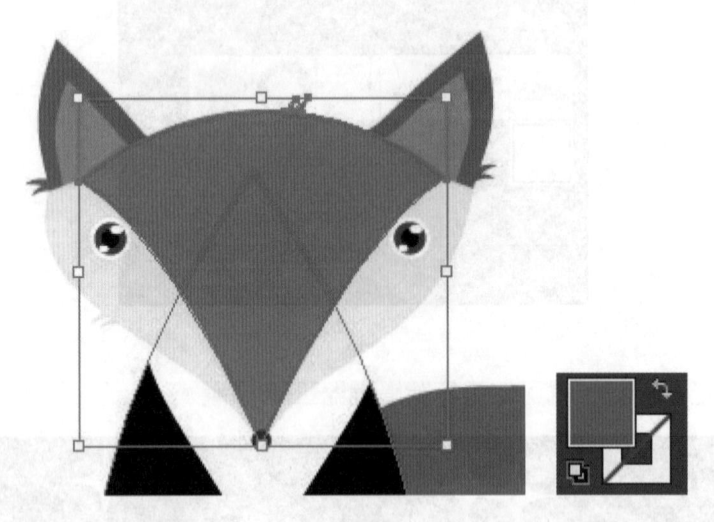

02 根據工具列中的顏色，會顯示如下的色彩參考面板。

03 點擊色彩選單旁的下拉式選單，就可見排列出很多種以主要色彩為首的色彩調和規則。

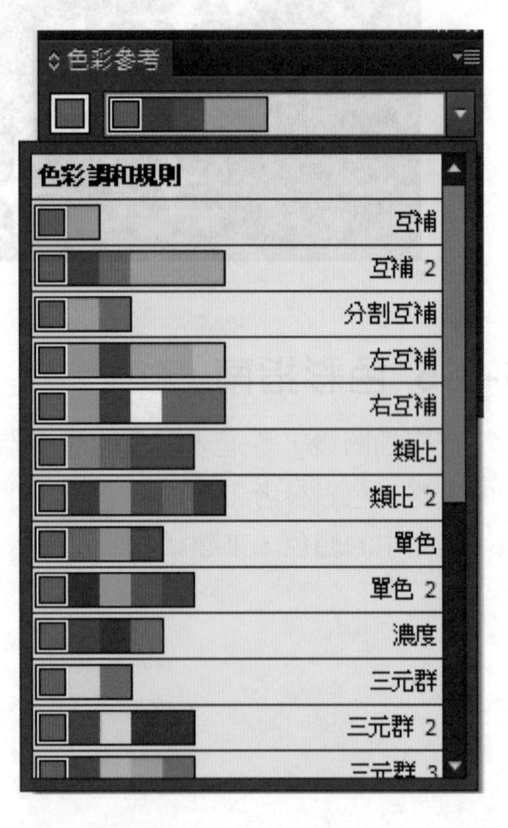

04 選取任一色彩調和規則，即可見以此色彩調和規則為基準的各色彩按鈕，依照明暗度排列。

05 色彩參考工作面板的使用方法與色票工作面板相同，點選欲上色的物件後，在點選想要的色彩。

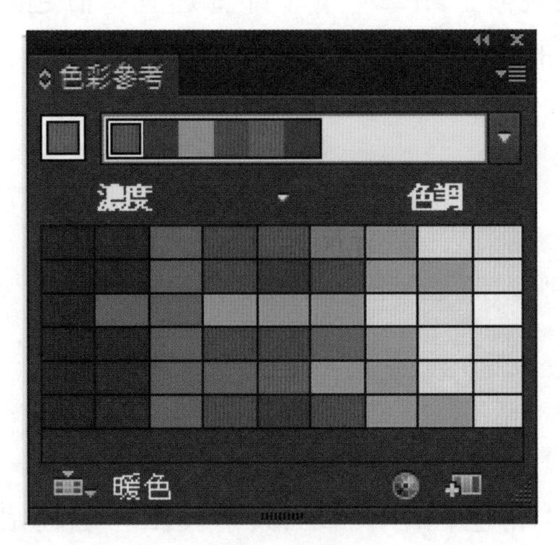

5-4 鋼筆工具

5-4-1 鋼筆工具

鋼筆工具 在Illustrator中是非常重要的工具，能夠用來精準的繪製出各種直線和曲線，進而製作各種造型。

在工具列選單中，鋼筆工具有以下四種。

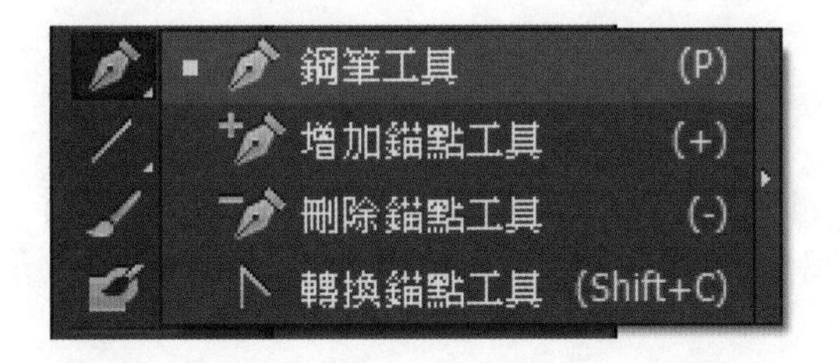

在使用的時候，鋼筆工具會顯示出幾種不同的滑鼠游標，以反映出正在繪製的狀態。不同的繪製狀態游標表示不同的功能。分述如下：

➡ **起始錨點指標** ：選擇鋼筆工具後，滑鼠會顯示的第一個顯示狀態，此時用滑鼠左鍵在作業視窗上點擊一下，即會建立一個起始錨點，也是之後運用鋼筆工具繪製路徑的起點。

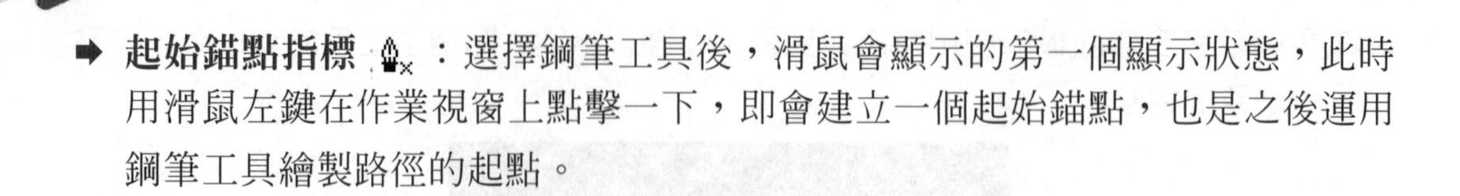

➡ **連續錨點指標** ：當已經用鋼筆工具繪製出一個起始錨點後，滑鼠游標會變爲此連續錨點指標狀態，意即之後繪製的錨點將會成爲第二點，而起始錨點與第二錨點間將產生一條連接的區段路徑。

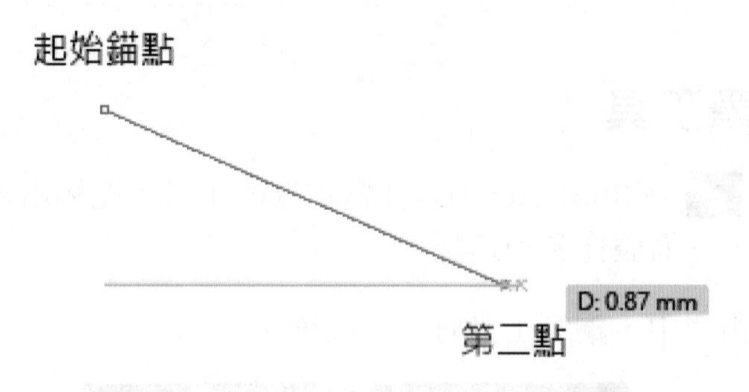

➡ **封閉路徑錨點** ：游標碰觸到這條路徑的起始錨點時，滑鼠游標即顯示爲此狀態，此時點擊滑鼠則路徑將會被封閉並結束繪製，形成一封閉路徑。

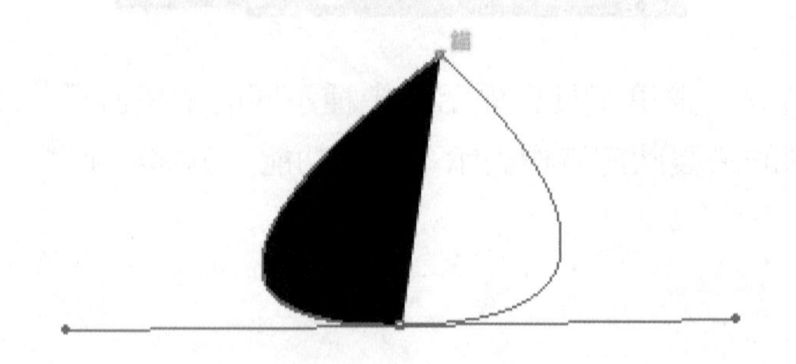

➡ **捲收貝茲控制點指標** ：當滑鼠游標置於已顯示貝茲控制點的錨點上時，游標會變成捲收貝茲控制點，此時在錨點上點擊滑鼠左鍵，便會收回另一端的貝茲控制點，使跨越此錨點的路徑變爲直線路徑。

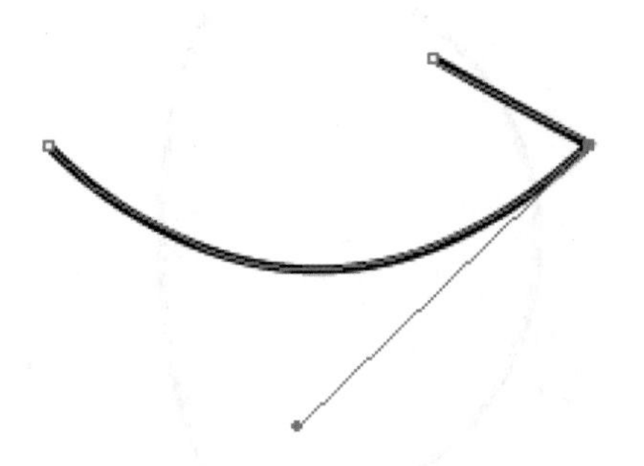

連續錨點指標

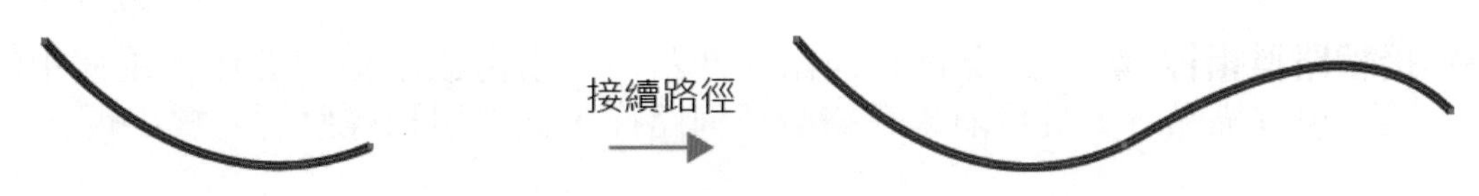

➡ **增加錨點指標** ：選取路徑後，在路徑區段上時滑鼠游標會顯示鋼筆與+的狀態，此時可在路徑區段上點擊以增加錨點。每點擊一次，只會新增一個錨點，而路徑會依照新增的錨點重新繪製。

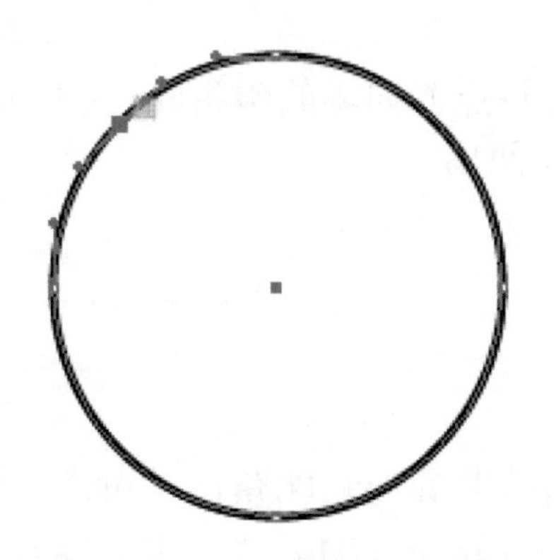

➡ **刪除錨點工具** ：選取路徑後，在路徑區段上時滑鼠游標會顯示鋼筆與-的狀態，此時可在目前選取的路徑上點擊錨點以刪除。每點擊一次，只會刪除一個錨點，而路徑會依照錨點被刪除後的狀態重新繪製。

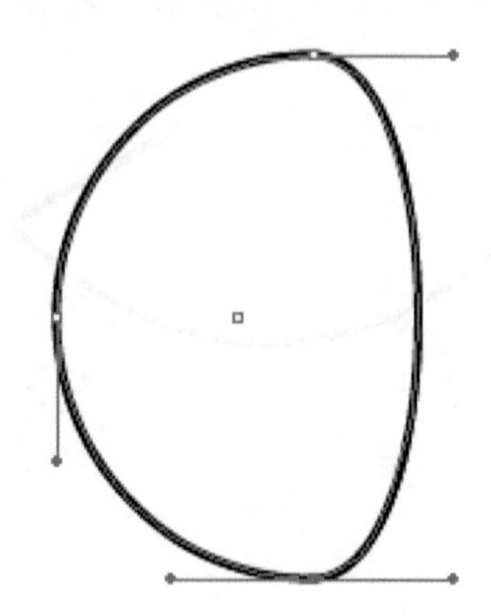

➡ **接續路徑指標** ：從現有的錨點延伸路徑。當滑鼠游標置於作業視窗中的某一現有錨點時，且目前未在繪製任何路徑，此滑鼠指標狀態才會出現。

➡ **轉換錨點指標** ：可將無方向線的轉折點(尖角)轉換成有獨立方向線的轉折點(弧形)，亦能相反使用。

5-4-2 鉛筆工具

鉛筆工具能夠用來繪製開放與封閉路徑，可以模擬手拿鉛筆在紙上繪圖的手繪外觀，繪製出手繪質感的向量圖。若能搭配繪圖板繪製，更能夠有平順的手繪線條。

使用鉛筆工具時，先在工具箱選擇鉛筆工具 。

在作業視窗中按住滑鼠左鍵拖曳繪製，按住滑鼠繪製的同時，看見的線條是以點虛線的方式呈現，鬆開滑鼠左鍵後，即完成線條繪製。

使用鉛筆工具繪製完成後，它會自動依據線條的角度與弧形來自動配置錨點。

若要微調路徑，一樣是使用直接選取工具點選錨點與區段做調整。

繪製時，會完整地呈現曲線與尖銳角度。

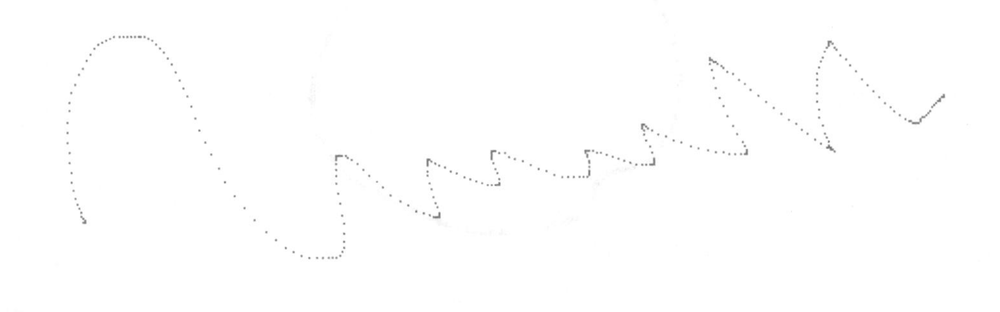

鉛筆工具最方便的一點，就是隨筆畫都有童趣風。

鉛筆工具的繪製狀態，分爲開放路徑與封閉路徑兩種。之前繪製的幾種範例，皆屬於開放式路徑。

若要繪製封閉路徑，則是在使用鉛筆工具繪製的同時，按住鍵盤上的「Alt 鍵」，此時滑鼠游標會顯示爲「鉛筆圖示和一個小空心圈圈」，此時繪製的則會形成封閉路徑。

5-4-3 繪圖筆刷工具

使用繪圖筆刷工具 ，繪製時，路徑是即繪即現，能夠非常清楚的看見繪製出的路徑模樣。

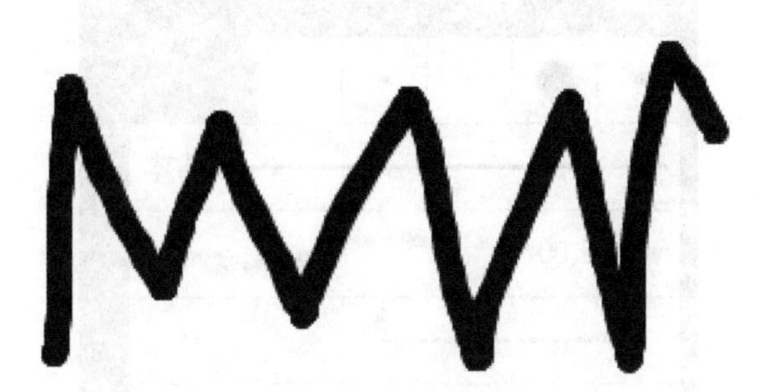

和鉛筆工具不太一樣的地方是，在預設的狀態下鉛筆工具繪製的線條較細，繪圖筆刷工具繪製的線條較粗。且繪圖筆刷工具在繪製完放開滑鼠左鍵時，繪製的線條會稍微自動轉爲平滑，不會和繪製時一模一樣的呈現。下圖左邊愛心爲繪圖筆刷工具繪製，右邊愛心爲鉛筆工具繪製。

同樣的，繪圖筆刷工具在繪製時，按住鍵盤上的「Alt 鍵」即可繪製出封閉路徑。

而提到繪圖筆刷工具，就會提到各種筆刷類型。

在筆刷工具面板 中，有各種筆刷樣式可以套用到路徑上。

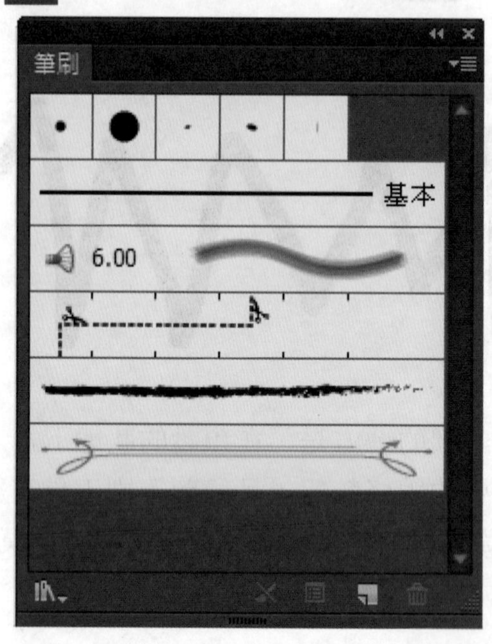

選取欲套用筆刷樣式的路徑，點選筆刷面板中的樣式，即完成筆刷套用。

完成筆刷套用後，路徑色彩一樣歸爲「筆畫」的顏色設定。

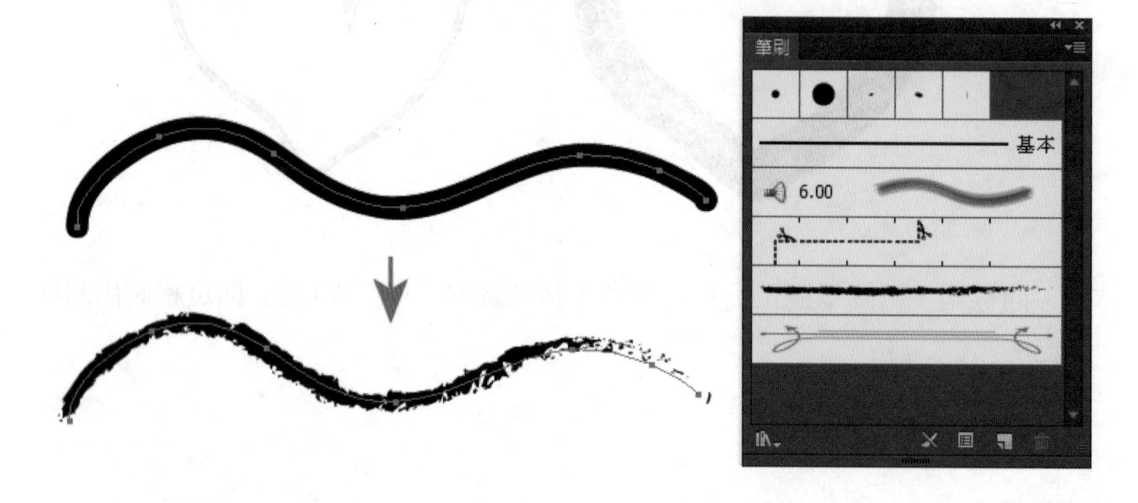

在筆刷面板左下方，可點擊「筆刷資料庫選單」開啓其他內建的筆刷資料庫，亦可於「視窗 > 筆刷資料庫」作開啓。

套用與製作筆刷

我們也能自行設定路徑與物件，來做爲筆刷。

筆刷有五種類型，分別是沾水筆筆刷、散落筆刷、線條圖筆刷、圖樣筆刷以及毛刷筆刷。

以下說明新增「線條圖筆刷」：

01 先繪製一欲新增為筆刷的物件，選取該物件，點擊筆刷面板的「新增筆刷」鈕，即會開啟新增筆刷的對話視窗。

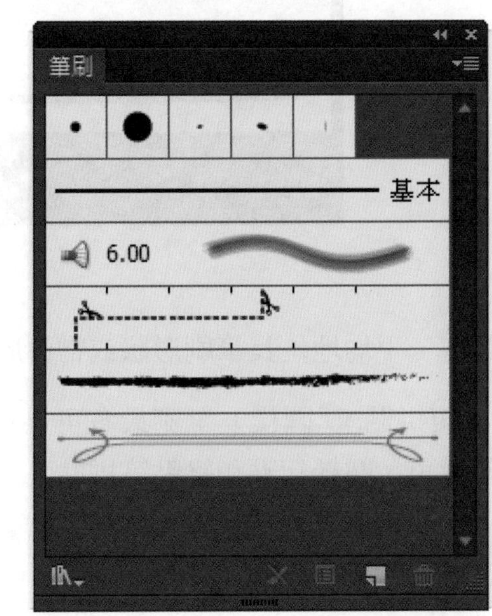

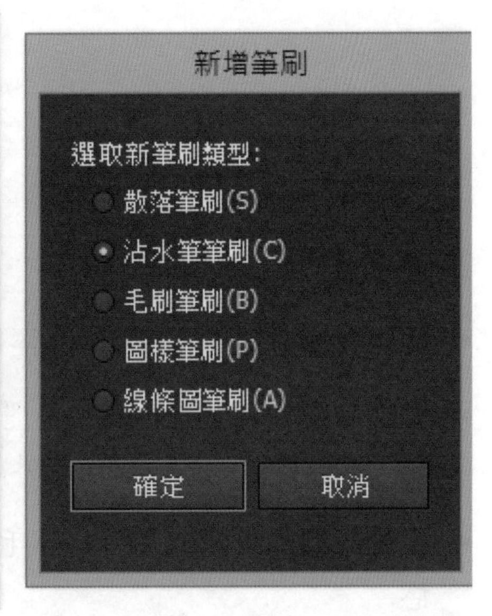

02 選擇筆刷類型後按下確定，即會開啟各筆刷選項的對話視窗。

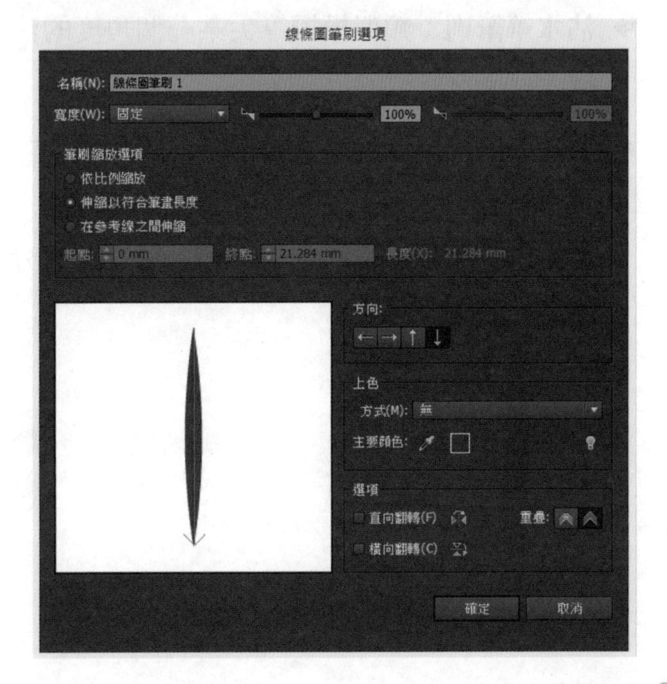

03 設定完畢，按下確定後，即可在筆刷面板中見到新增的筆刷。

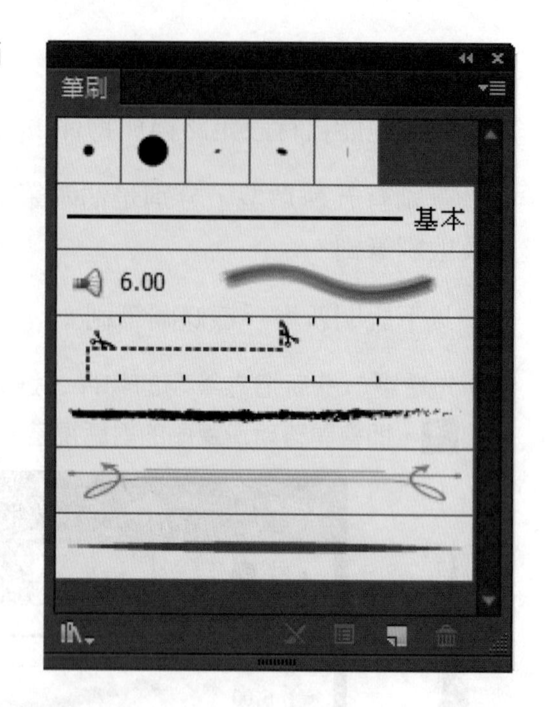

筆刷種類

➡ **線條圖筆刷**：沿著繪製的路徑長度，平均地拉長筆刷形狀或物件形狀。

➡ **圖樣筆刷**：會沿著繪製的路徑重複拼貼，「圖樣」筆刷最多可以包含五種拼貼，亦即外緣、內部轉角、外部轉角、圖樣起點和終點等拼貼。

➡ **毛刷筆刷**：可建立具有自然毛刷外觀的筆刷，用以繪製出有如眞實毛絨質感。

➡ **沾水筆筆刷**：類似模擬筆尖某一個角度的沾水筆，並沿著繪製的路徑中心呈現。

➡ **散落筆刷**：可沿著繪製的路徑去散落某建立爲散落筆刷的物件。

以下圖幾種筆刷爲例，來看看繪製出的路徑模樣。

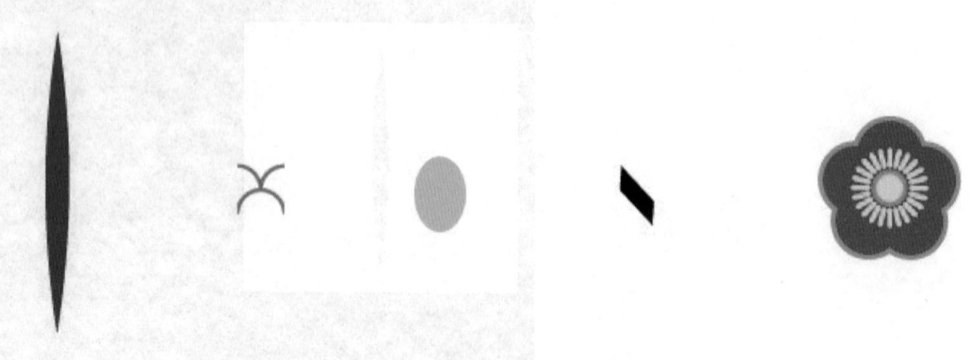

針對不同的筆刷類型，套用在同一條路徑上時，呈現的效果是不同的。

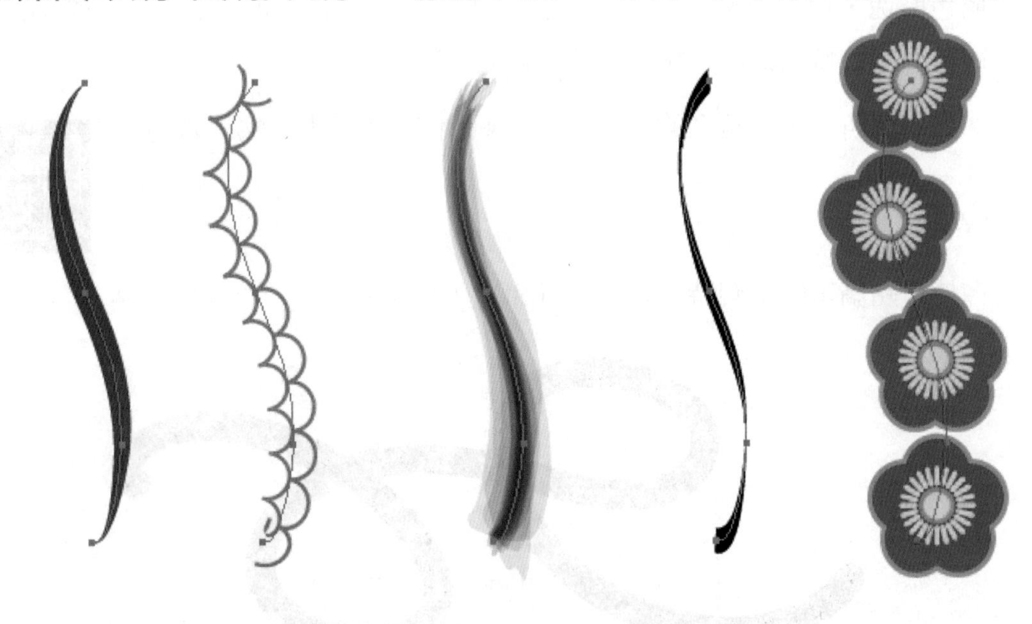

若要調整各筆刷選項設定，在筆刷面板雙點擊該筆刷，即可開啓筆刷選項對話視窗作編輯。

5-4-4 點滴筆刷

點滴筆刷，繪製時跟路徑有些雷同，鬆開滑鼠左鍵後，即可發現運用點滴筆刷工具繪製出的是近似於填色物件的填充複合路徑，並不是單純的線條。

如下圖所見，左邊線條圖是使用繪圖筆刷工具繪製的是路徑，由「筆畫」設定顏色。右邊線條圖是使用點滴筆刷工具繪製，乍看之下是線條，點選後可見是填充複合路徑。

選擇點滴筆刷工具 (鍵盤快速鍵爲 Shift+B) 即可開始繪製。

預設的狀態是使用沾水筆筆刷，在繪製的同時，要注意雖然畫完之後會顯示填色區塊，但在繪製的當下，是依據工具列「筆畫」的顏色，畫完鬆開滑鼠左鍵後，才會轉變爲由「填色」設定顏色。

如右圖所示，工具列的「填色」爲粉橘色，「筆畫」爲可可色。

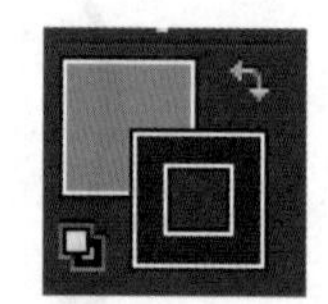

使用點滴筆刷繪製時，是依照「筆畫」的顏色。

繪製完成後，點選此填色區塊，工具列會顯示爲「無筆畫、填色爲可可色」。

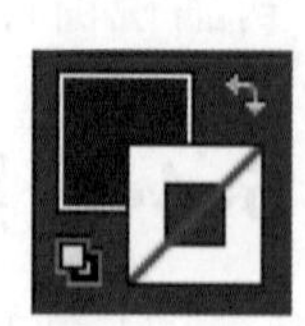

5-5 漸變工具(請開啓CH5_5-1_漸變練習.ai檔案)

漸變工具能夠用來將兩個獨立的物件之間建立出形狀或顏色上的漸層變化，例如下圖。

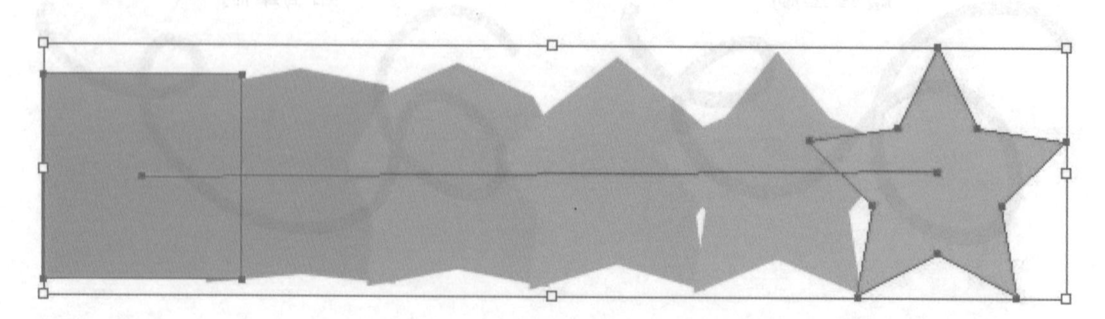

兩個物件套用漸變後，就會連接在一起，若要單獨調整物件位置或是錨點，可使用直接選取工具點擊各物件作調整。而錨點若是經過調整，漸變物件也會隨之調整。如下圖所示。

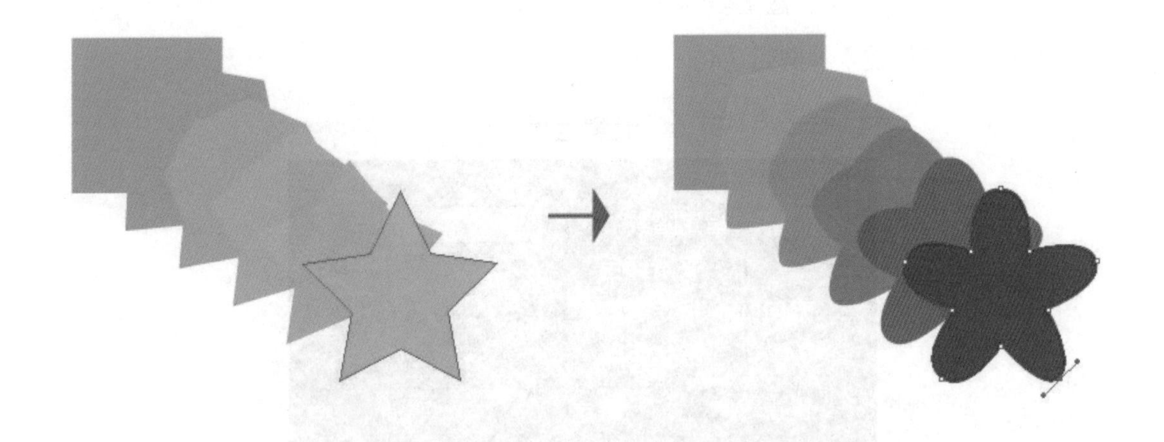

5-5-1 形狀漸變製作(使用選單列套用漸變)

01 將欲套用漸變的物件選取。

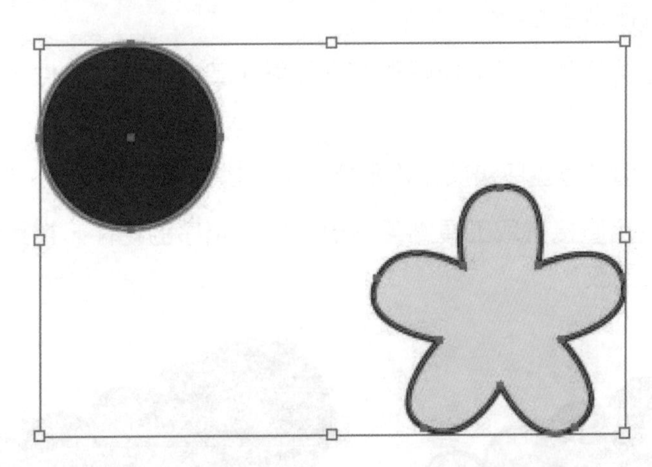

02 點擊「物件>漸變>漸變」，開啓「漸變選項」對話視窗。

間距有「平滑顏色」、「指定階數」、「指定距離」三種。

「指定階數」：可以設定原始的兩物件之間，要產生幾個漸變物件，若設定為「4」，則會產生四個漸變物件。

參數可以自行輸入，例如「4」。

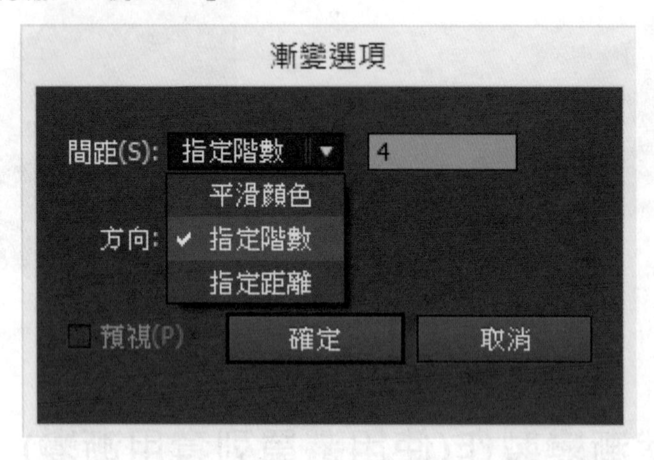

03 按下確定後，漸變並不會立即套用，此時需要再點擊 物件選單列 >漸變 >製作，漸變才會套用在物件上。

04 此時可清楚看見原先的「紫色圓形」物件與「黃色花形」物件中間，出現了四個階層的漸變。

而漸變物件的前後遮蓋取決於原始兩物件的「排列順序」設定。

05 若要調整，使用直接選取工具點擊欲更改排列順序的物件，按滑鼠右鍵選擇「排列順序」即可更改。

黃色物件-排列順序：置後　　黃色物件-排列順序：置前

漸變也能夠用來製作平滑具有眞實感的漸層，如下圖。

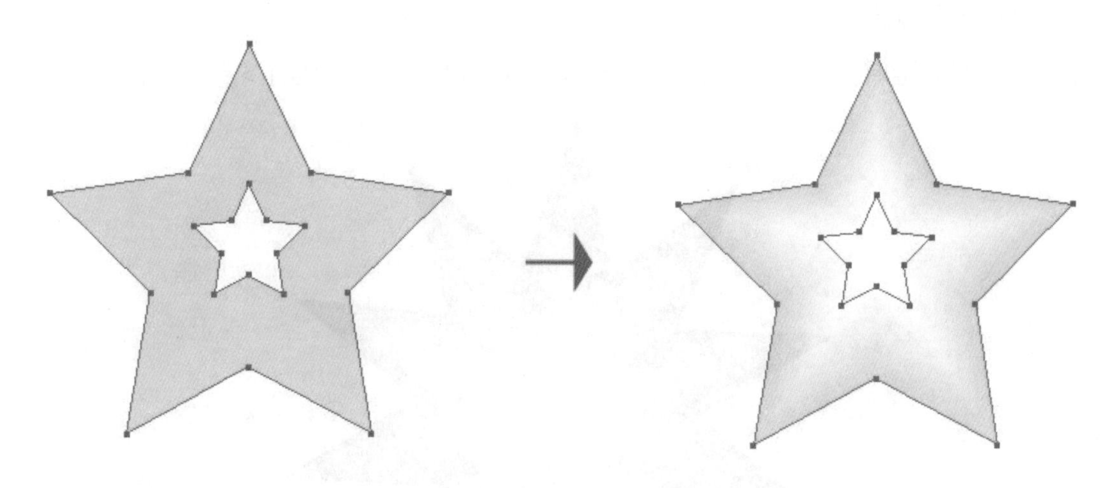

製作平滑顏色的漸變(使用選單列套用漸變)

➡「**平滑顏色**」：套用此漸變效果，可以製作出具眞實漸層感的漸層，並且會符合原始物件的形狀。

先選取欲建立漸變的物件，製作此平滑顏色效果時，一般我們會把一大一小的物件作垂直置中對齊。

若想要顏色顯示爲「中央亮、邊緣暗」，則如圖所示，小物建設爲淺色系、大的物件設爲想要的色系。

01 點擊 「物件選單列」>「漸變」>「漸變選項」，選擇「平滑顏色」，平滑顏色沒有階層可以設定。

02 完成漸變選項設定後，一樣要再點擊「物件選單列」>「漸變」>「製作」。

製作指定距離的漸變(使用選單列套用漸變)

➡ **指定距離**：可以控制漸變內階數之間的距離。指定的距離是從一個物件的邊緣度量，至下一個物件的對應邊緣（例如從一個物件的最右邊，至下一個物件的最右邊）。

指定距離越小，漸變階層越多，反之，指定距離越大，漸變階層越少。如下圖所示。

指定距離：1.2mm

指定距離：4mm

漸變工具 （鍵盤快速鍵為W）

使用漸變工具製作漸變時，不需要先選曲套用漸變的物件，

直接選擇漸變工具後，點擊第一個欲套用漸變的物件，再點擊第二個欲套用漸變的物件，即完成漸變。

展開漸變物件

若想要針對漸變物件各自設定與編輯，可以選擇將漸變物件展開成爲一般物件。

點選欲展開的漸變物件，點擊「物件選單列」>「漸變」>「 展開」。

展開後會形成「群組」物件，按滑鼠右點即可解散群組、或是點擊「物件選單列」>「解散群組」。

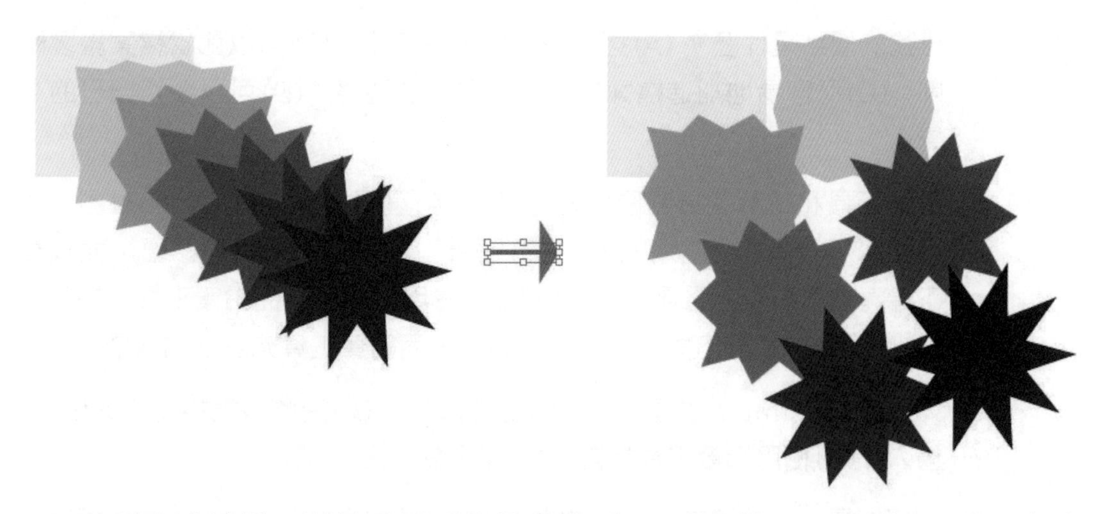

若要取消鍵變，則是點選「物件選單列」>「漸變」>「釋放」，即可取消漸變模式。

✦是非題

(　　) 1. 繪圖筆刷工具的鍵盤快速鍵為B。

(　　) 2. 在Illustrator中，可以自行建立新色票並將未使用的色票刪除。

(　　) 3. 漸層類型分為線性與放射狀兩種。

(　　) 4. 執行「檢視 > 顯示透明度格點」時，整個顯示作業區會呈現灰白格子狀，此代表不透明的作業區背景。

(　　) 5. 使用符號濾色器工具可將符號變為半透明。

(　　) 6. 符號可自行建立，將欲建立為符號的物件選取，點擊符號面板的「新增符號」鈕，即可開啓「符號選項」視窗，針對欲建立的符號進行設定，即可新增符號。

(　　) 7. 圖樣筆刷會沿著繪製的路徑重複拼貼，最多可以包含五種拼貼，亦即外緣、內部轉角、外部轉角、圖樣起點和終點等拼貼。

(　　) 8. 漸變工具可以指定階數，使設定漸變的兩個物件之間產生指定數量的漸變物件。

✦選擇題

(　　) 1. 符號的優點是什麼？(A)可以製作成影片剪輯　(B)可以節省檔案繪製時間　(C)可容易地加進檔案中，並且可以做調整　(D)可以製作自己的漸層。

(　　) 2. 鋼筆工具和鉛筆工具的區別是什麼？(A)鋼筆工具允許您自由繪製，而在鉛筆工具是為直線和曲線　(B)鉛筆工具建立不可編輯路徑，而鋼筆工具建立可編輯的路徑　(C)鋼筆工具僅用於顏色，而鉛筆工具是為黑色和白色　(D)鋼筆工具用於直線和曲線，而鉛筆工具允許自由繪圖。

(　　) 3. 如何在 Illustrator 中建立一個向量圖路徑？(A)將圖像掃描到Illustrator置入　(B)使用鋼筆工具描圖　(C)匯入點陣圖　(D)內嵌。

(　　) 4. 如何能最有效地建立一個正圓形？(A)使用圓角矩形工具　(B)使用矩形工具並更改其角的屬性　(C)使用橢圓形工具，按住Shift鍵同時拖曳滑鼠　(D)使用直線工具繪製的矩形，將其轉換為一個圓角矩形。

(　　) 5. 顏色工作面板的用途是什麼？(A)用於更改路徑顏色　(B)用於自動調整類似顏色的當前所選路徑　(C)作為線上顏色參考指南　(D)為「和諧規則」訪問或工作時免費顏色。

(　　) 6. 符號噴灑器的功能是什麼？(A)繪製厚的圓路徑　(B)繪製填充複合路徑　(C)沿著路徑繪製符號　(D)沿著路徑的繪製修補符號。

(　　) 7. 以下哪一個選項不是預設筆刷類型？(A)沾水筆筆刷　(B)毛刷筆刷　(C)圖樣筆刷　(D)向量筆刷。

(　　) 8. 以下何者是貝茲曲線的控制元素？(A)貝茲把手　(B)錨點　(C)向量點　(D)著色錨點。

(　　) 9. 若要選取路徑，可使用哪個工具？(A)鉛筆工具　(B)選取工具　(C)鋼筆工具　(D)直接選取工具。

(　　) 10. 鋼筆工具鍵盤快速鍵為？(A)N　(B)P　(C)L　(D)U。

NOTE

CHAPTER

06

使用 Illustrator 建立圖形(二)

6-1 剪裁遮色片

剪裁遮色片又叫做遮罩，可以把設計稿內不需要顯示的部分隱藏起來，而仍能依舊保持設計稿的完整性。

例如在下面的範例中，狐狸要配置在衣服的下襬處，在衣服內部的狐狸圖樣必須保持完整，而超出衣服的範圍則需要被隱藏，此時就可以使用剪裁遮色片進行圖稿的處理。

6-6-1 建立剪裁遮色片

01 點選中央的衣服，執行「編輯>拷貝」。

02 執行「編輯>貼至上層」，此時畫面應為「衣服主體遮住鑽石對話框與狐狸頭部」。

TIPS

如果貼上的物件沒有在最上方，也可以按滑鼠右鍵開啓快速選單，執行「排列順序 > 移至最前」。

03 接著將狐狸與剛剛執行貼上的衣服選取，按滑鼠右鍵後執行建立剪裁遮色片。此時，可見狐狸依照衣服的外型剪裁，在衣服範圍外的部分則被隱藏。

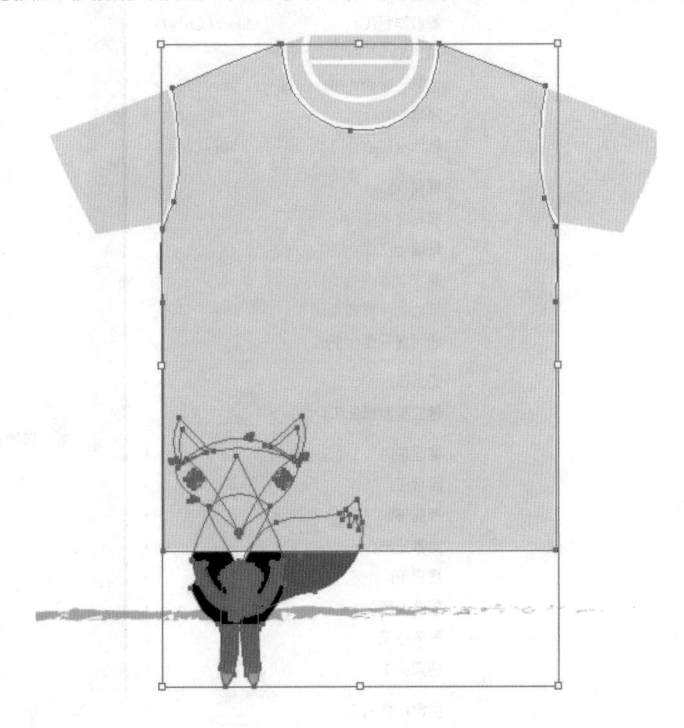

TIPS

選取好物件後也可以執行功能表「物件 > 剪裁遮色片 > 製作」。

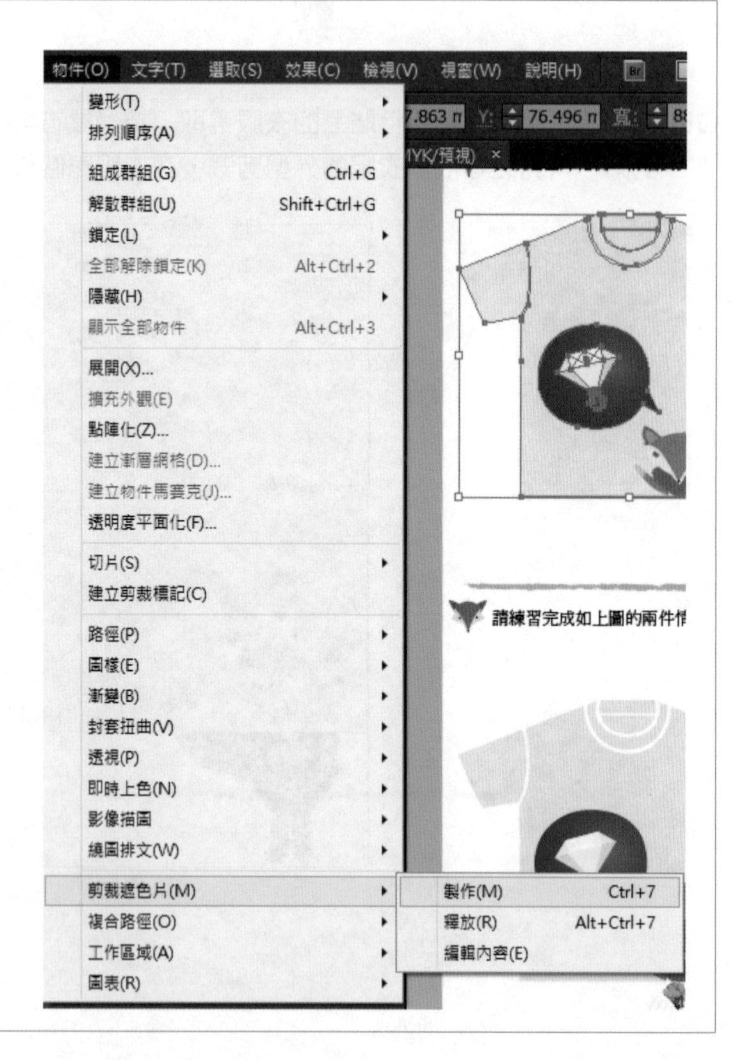

6-2 文字設計

Illustrator 提供6種文字工具，分別是文字工具、垂直文字工具、區域文字工具、垂直區域文字工具、路徑文字工具、直式文字工具。其中以「文字工具」最常使用。

6-2-1 文字工具

使用文字工具輸入標題文字

01 選擇工具列中的文字工具 T 。

02 在想要輸入文字的地方按一下滑鼠左鍵，出現插入點後可開始輸入文字。

03 輸入文字後，可在控制面板設定字體、字級、文字填色、文字筆畫顏色…等。

也可開啟 視窗>文字>字元工作面板作設定。

04 文字輸入完成後按下[ESC]鍵或直接點選其他工具，即離開文字編輯模式。

在文字輸入之後，若需要編輯、重新調整文字樣式、顏色等，使用選取工具在文字上快速點擊兩下滑鼠左鍵，即可進入文字編輯模式。或是直接使用文字工具點擊欲編修的文字。

垂直文字工具的使用方法與文字工具相同，只是文字輸入的方向是由上往下。

6-2-2 路徑文字工具

路徑文字工具可以讓文字在路徑筆畫上排列，不管是封閉路徑或是開放路徑都可以使用。

假如使用水平文字工具感覺不夠活潑，此時可以使用路徑文字工具增加一些活潑與趣味感。

路徑文字工具是使輸入的文字依照路徑的弧度與方向來編排，且文字與路徑呈現90角，因此我們需要先繪製一條路徑。

01 選擇鋼筆工具，繪製一條開放式的弧形路徑。

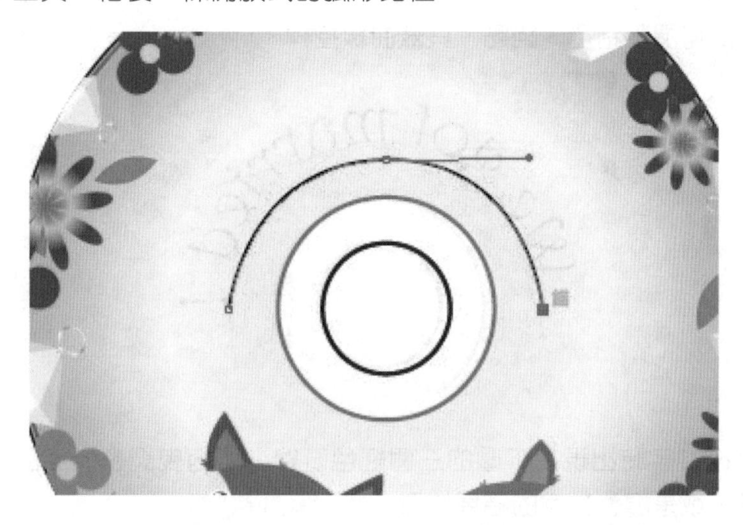

02 接著使用路徑文字工具 CH6_CMYk_12在路徑上點擊一下。

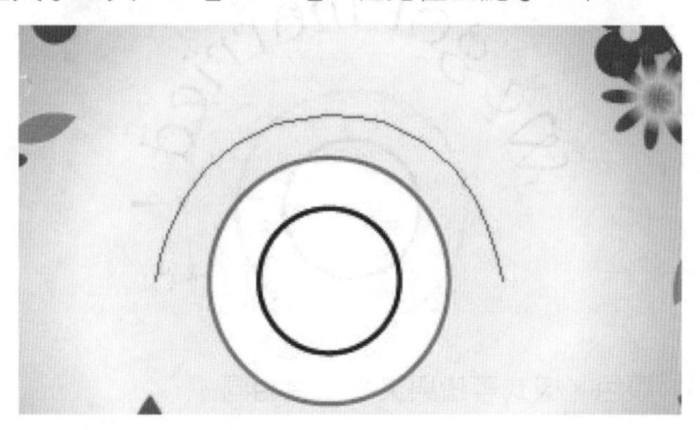

03 此時路徑會形成紅色狀態，出現輸入便可輸入文字。請輸入「We got married.」文字。

04 若在文字末端看見一個小小紅色矩形內有十字的圖示，即代表文字溢排，意即路徑長度無法容納所輸入的文字長度。

05 此時需針對路徑作微調，使用直接選取工具點擊路徑作調整。當路徑呈現如下圖所示時，即可調整路徑、錨點、貝茲曲線控桿。

06 若點選路徑文字時出現如下圖的三個紅色直線，可拖曳調整文字的開頭位置於路徑的哪處，或是調整文字的結尾位置。

07 設定字體大小、顏色、樣式等皆與文字工具相同。

TIPS

當路徑被使用作為路徑文字工具的依據時，路徑便會被隱藏，僅會看見文字。

直式路徑文字工具的使用方法與路徑文字工具相同，唯一不同的是直式路徑文字工具輸入的文字會完全與路徑相同角度呈現（如右圖）。

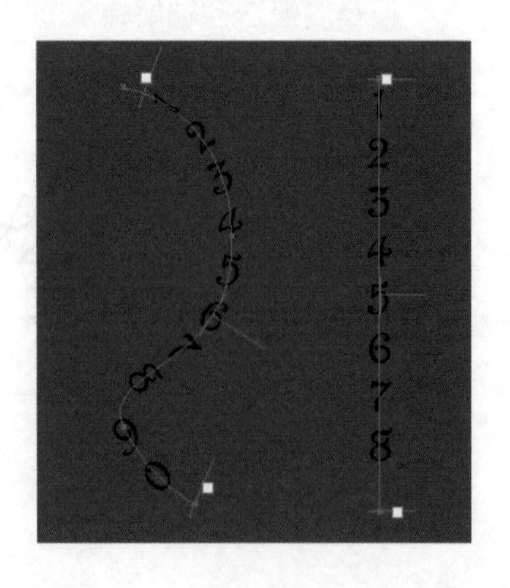

6-2-3 區域文字工具

區域文字工具可在路徑範圍內填入文字，使文字依照路徑的形狀作編排。如下圖所示，區域文字工具不限於封閉路徑，有形成一定區域的開放路徑也可以使用。

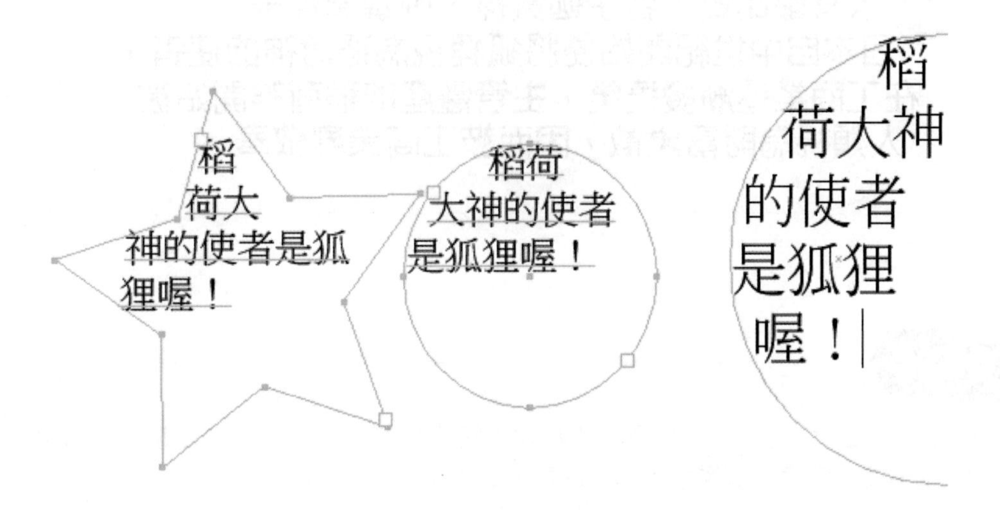

01 先繪製出所需要的圓角矩形，保持物件的選取後，使用區域文字工具 點擊路徑後，即可開始輸入文字。

02 完成文字輸入後，可見圓角矩形物件被隱藏，只可見依照圓角矩形外框編排的文字。

稻荷神是日本神話中穀物、食物之神的
總稱，包括倉稻魂命、豐宇氣毘賣神、保食神
、大宜都比賣、若宇迦賣神、御饌津神等。
日本自中世紀開始便將狐狸視為稻荷神的使者，
在工商業逐漸發達後，主管豐產的稻荷神開始被
人類視為財富象徵，因而被工商業界敬奉。

TIPS

若需要編排區域文字內容，使用選取工具快速在區域文字內容上快速點擊兩下滑鼠左鍵，或是使用區域文字工具點擊該文字內容，即可進入文字編輯。

03 因輸入區域文字後，物件的外觀會被隱藏，若想保留，可在輸入區域文字之前，先將物件拷貝並貼至下層，上層的物件則用來輸入區域文字，即可同時有區域文字效果與物件外觀的保留。

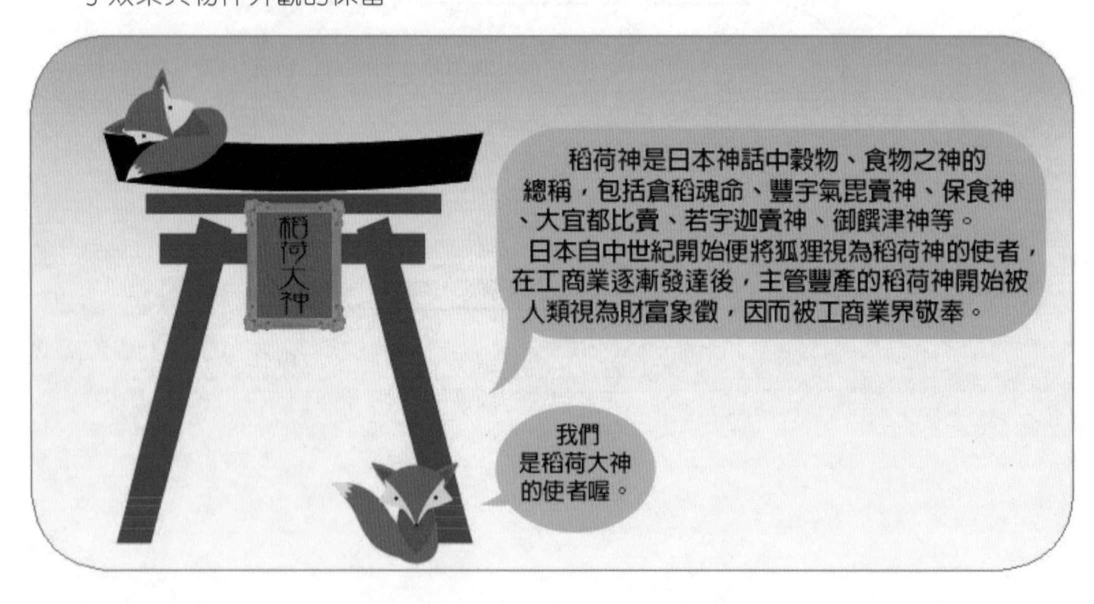

04 接下來使用字元面板與段落面板做文字的微調，使用者可以點擊「視窗>文字>字元」以開啟字元工作面板，也可以使用快捷鍵Ctrl+T。

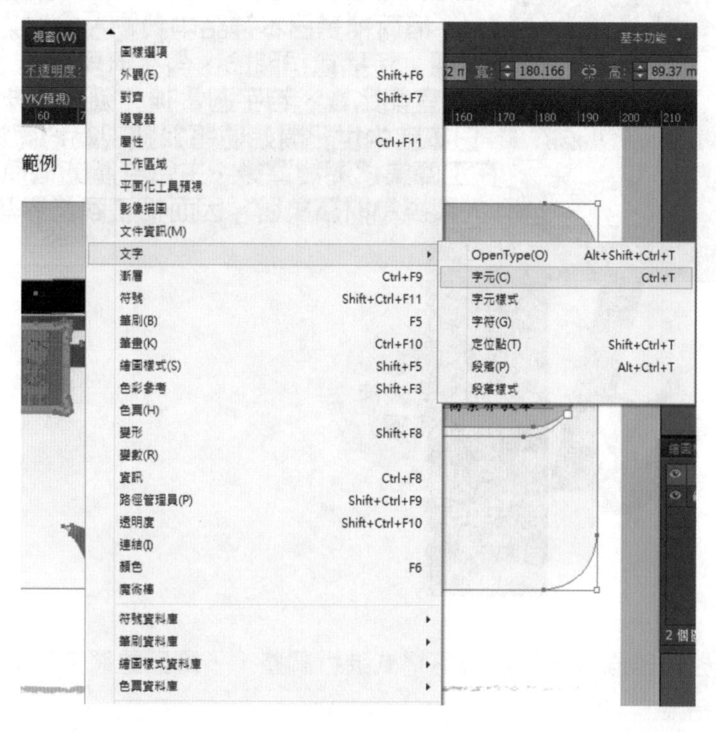

05 從字元面板中可改變字型設定文字大小與行距，在此範例中可以縮小文字寬度讓文字看起來比較瘦長。

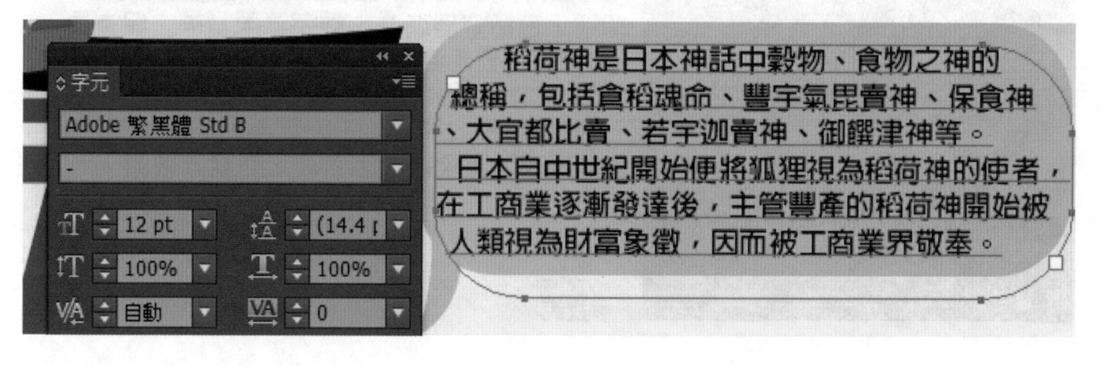

06 接著改變字體的高度，寬度，以提高可閱讀性。

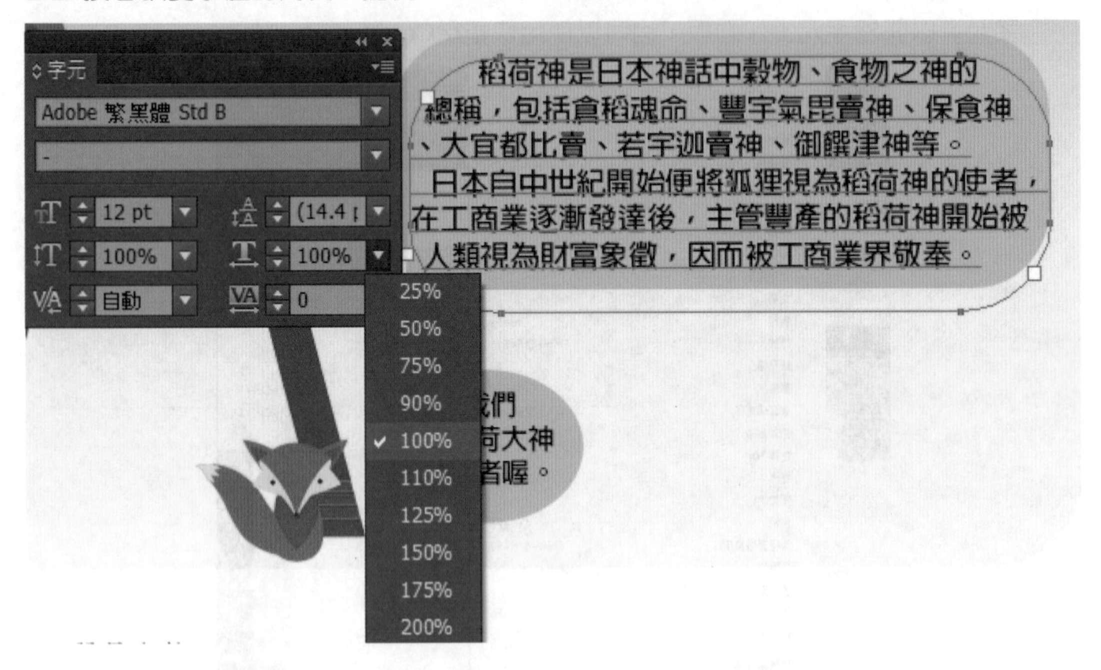

07 進一步開啓段落面板，可以段落格式進行調整，下圖即是將文字段落向左對齊後所得到的結果。

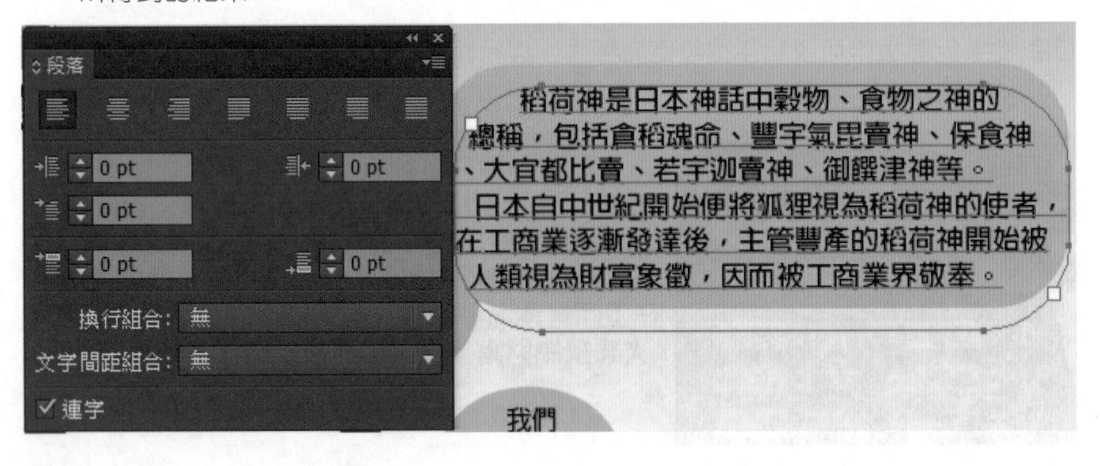

6-3 影像描圖

利用拍照，或是網路上下載的影像格式是屬於點陣圖，點陣圖格式的缺點就是一但過度放大後就會產生失真的鋸齒邊。而Illustrator的即時描圖功能，則可以將點陣圖轉換爲向量圖，並且有多種預設的設定可以選擇。

01 執行「檔案>置入」將Ch6.3.1.jpg置入。

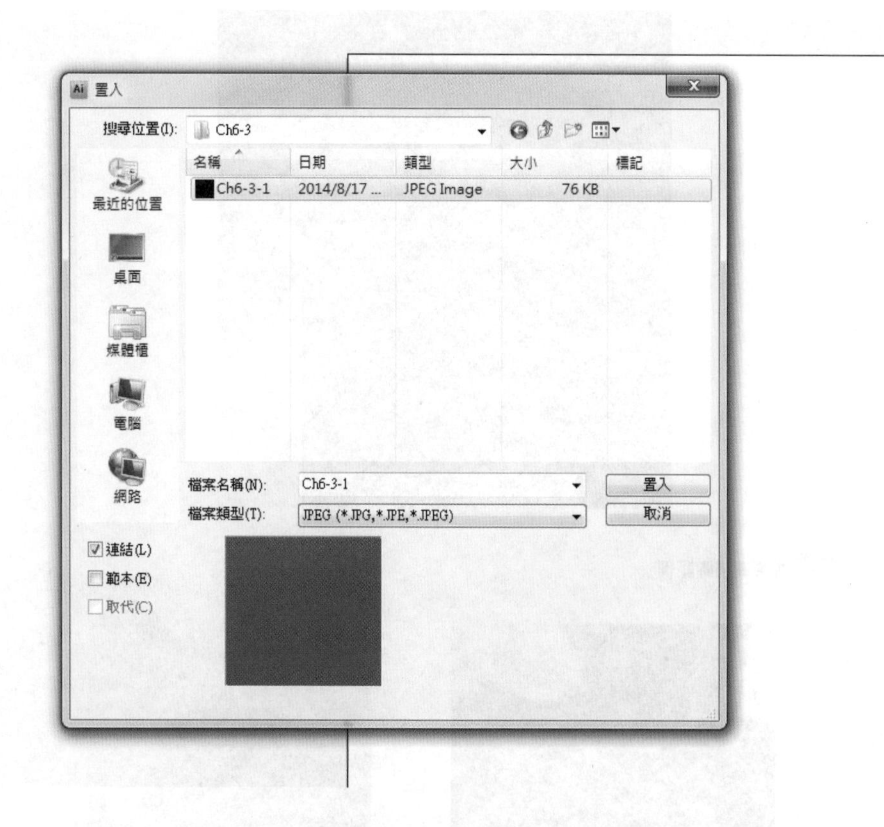

02 選取置入的點陣圖，使用控制列的[即時描圖]鈕，選擇預設的描圖類型。

03 若希望轉換成彩色且細緻的向量圖，則可以選擇高保真度相片進行描圖。

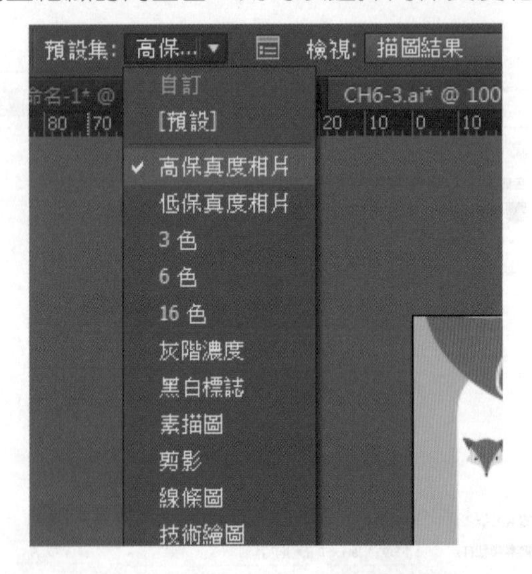

調整描圖設定

將置入的點陣圖直接套用描圖預設集的結果，如果跟預想的結果有差距，使用者可以點選控制列的描圖選項鈕，開啟描圖選項交談窗，進行細部的調整。

在描圖選項交談窗中，使用者可以進一步調整描圖細部設定。

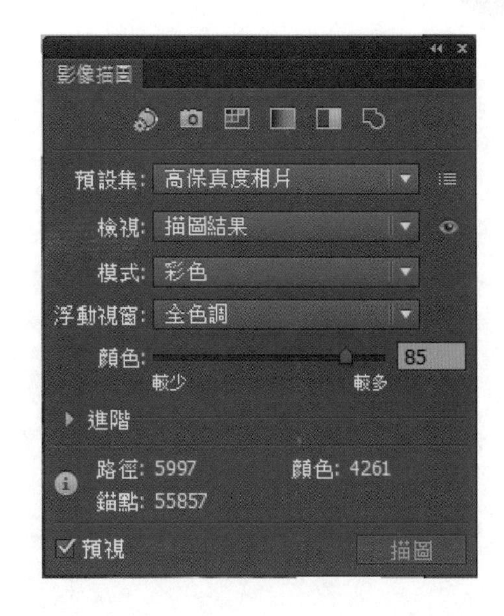

6-4 網格漸層

網格物件是一個多重色彩物件，網格內的錨點可以填進不同的填色，並且類似件層的效果從一點平滑的漸變顏色至另一點。建立網格物件時，網格線會在物件上成十字交叉，就是錨點所在，使用者不但可以講錨點上色，還能夠進行移動編輯。

在網格物件中的錨點以菱形顯示，具有路徑錨點的所有屬性，還多了設定顏色的功能，因此，網格錨點可增加、刪除、移動，及設定的顏色。

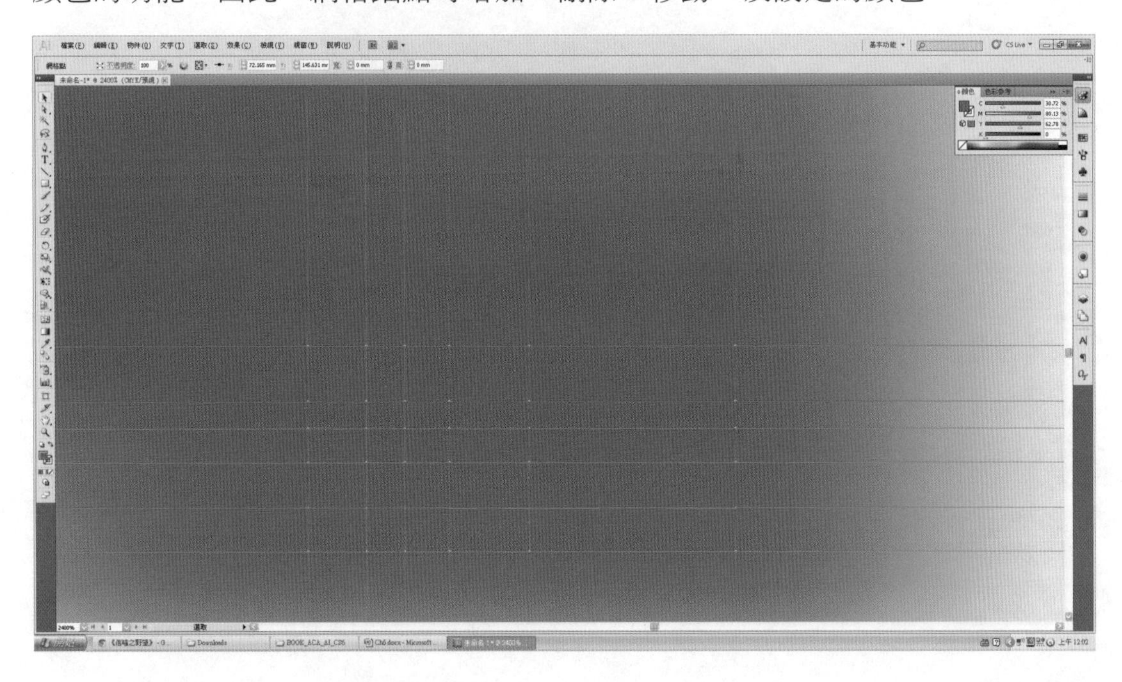

以網格工具繪製雞蛋

請開啓CH6.4.ai檔案。

01 選擇網格工具 （鍵盤快速鍵為 U），在物件上點一下，會出現網格點。

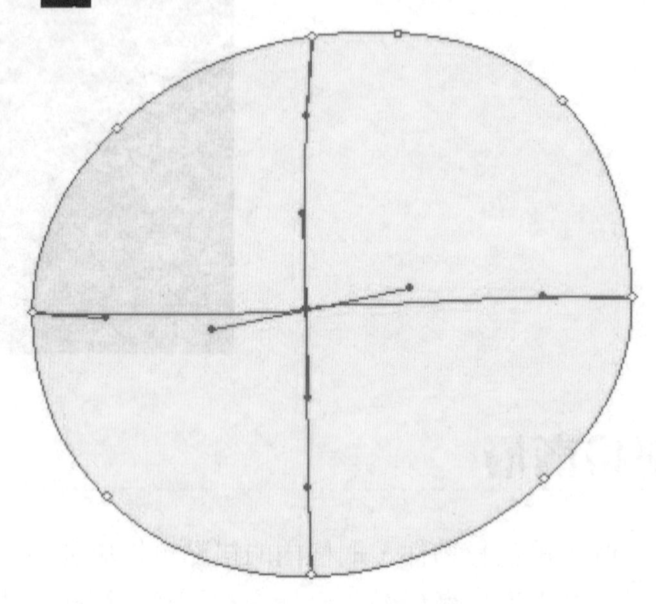

02 使用「直接選取工具」點選錨點後，設定填色顏色。

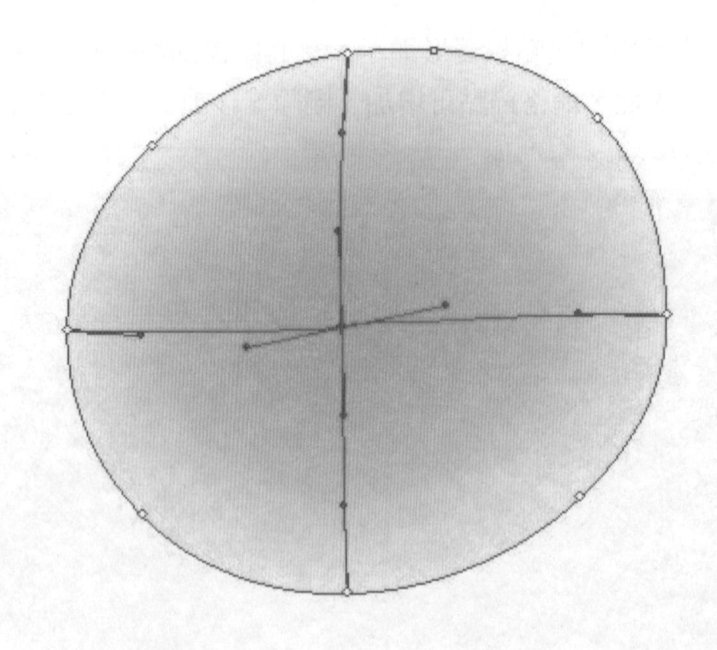

03 如果想要增加錨點只要再次使用網格工具在物件上點擊即可新增網格點。

04 反覆進行錨點調整與上色，完成擬真雞蛋與影子。

輸入特定數值來設定網格

建立網格除了使用網格工具之外，還可使用「建立網格」對話視窗作設定。

選取欲建立網格的物件，執行「物件＞建立漸層網格」，即會開啓「建立漸層網格」對話視窗。

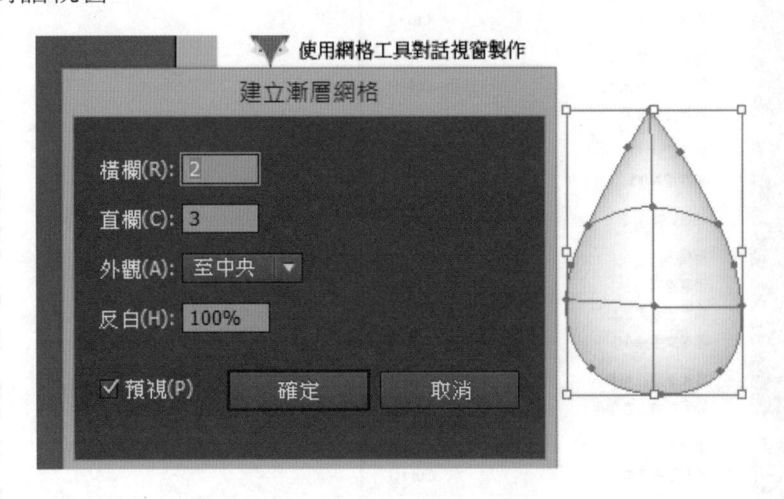

外觀有「至中央」、「至邊緣」、「平坦」三種可以設定。

➡ **至中央**：物件中央的色彩為白色，物件邊緣為原本的填色顏色。

➡ **至邊緣**：物件的中央色彩為原本的填色顏色，物件邊緣為白色。

➡ **平坦**：物件的顏色無論中央或邊緣，皆保留原始的填色顏色。

6-5 透視點繪圖

在 Illustrator 中，您可以使用依照既有透視繪圖規則運作的功能集，以透視方式輕鬆地繪製或呈現圖稿。

其中Illustrator 提供單點、兩點及三點透視的預設集，透視格點預設集A。單點透視B。兩點透視（預設）C。三點透視。

若要選取其中一個預設的透視格點預設集，請按一下「檢視> 透視格點」，然後從所需的預設集選取。

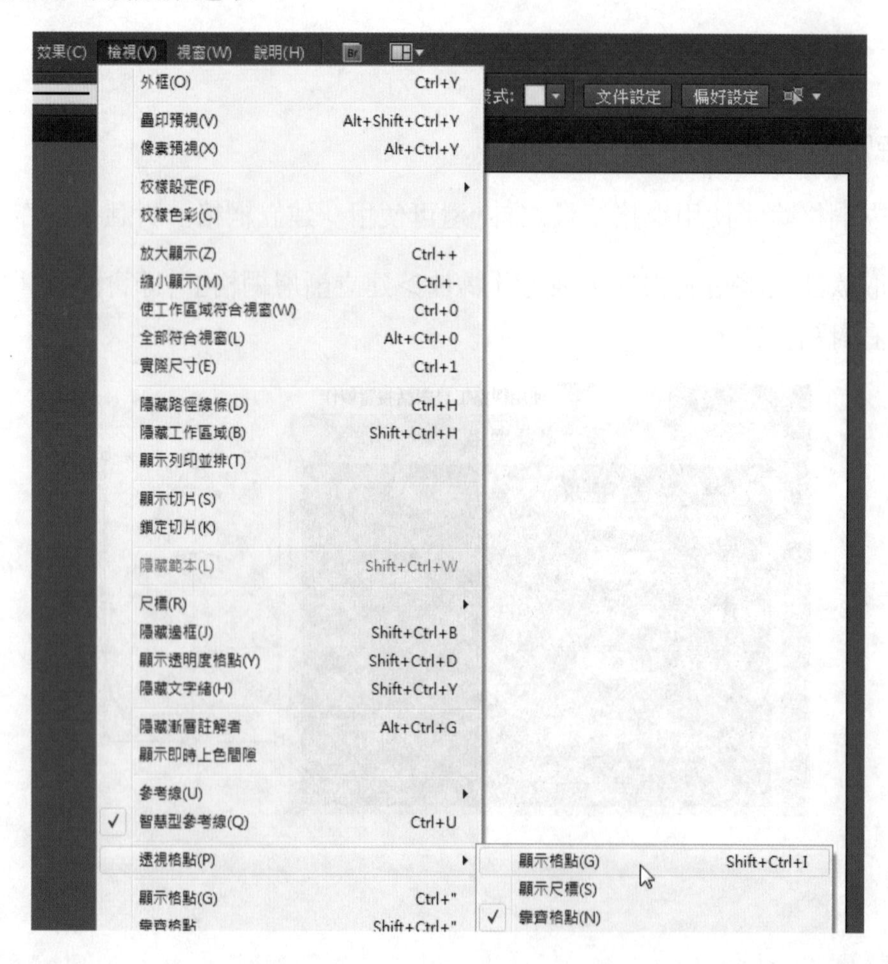

如果要定義格點，請按下「檢視 > 透視格點 > 定義格點」。

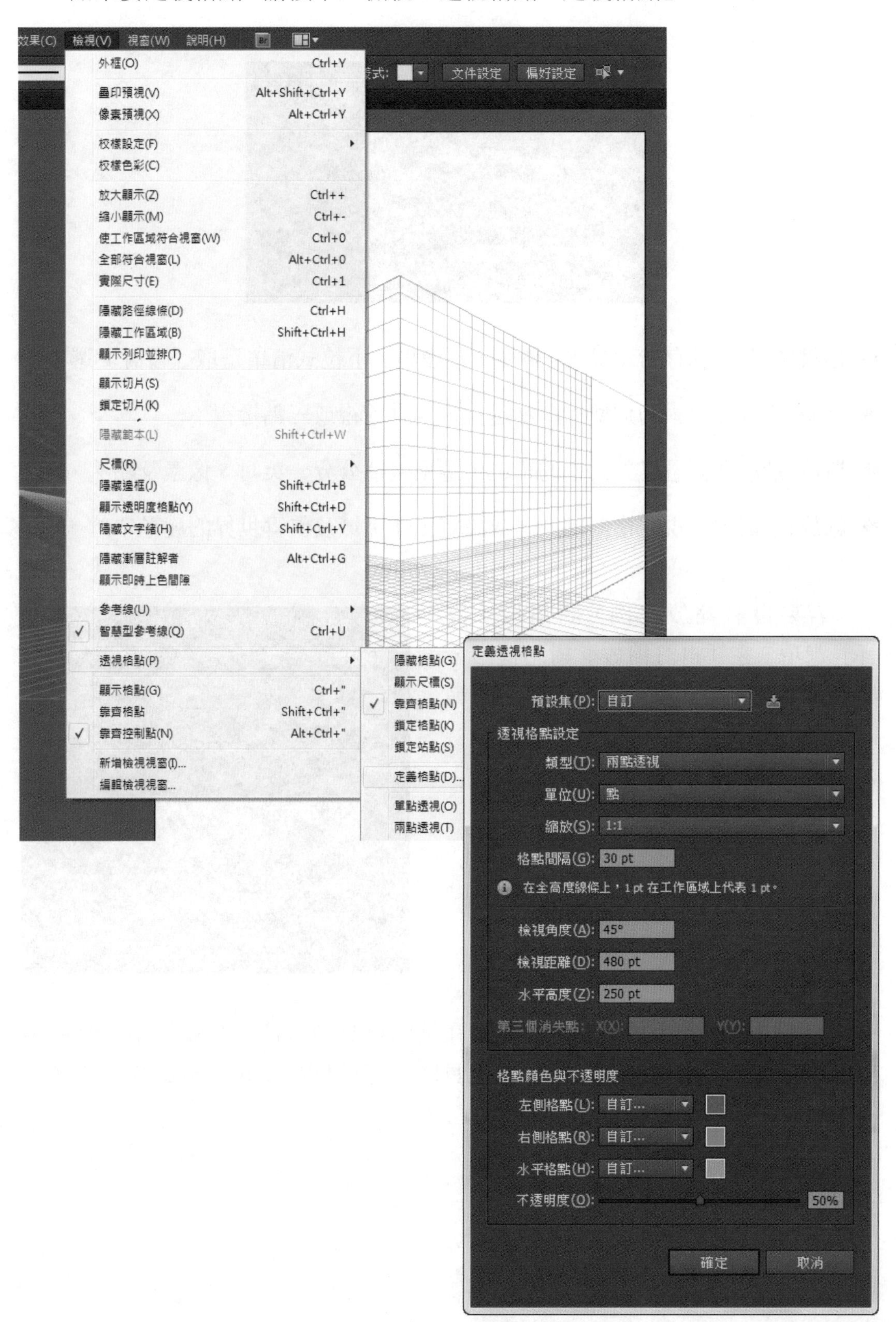

「定義透視格點」對話框中，您可以設定下列預設集屬性：

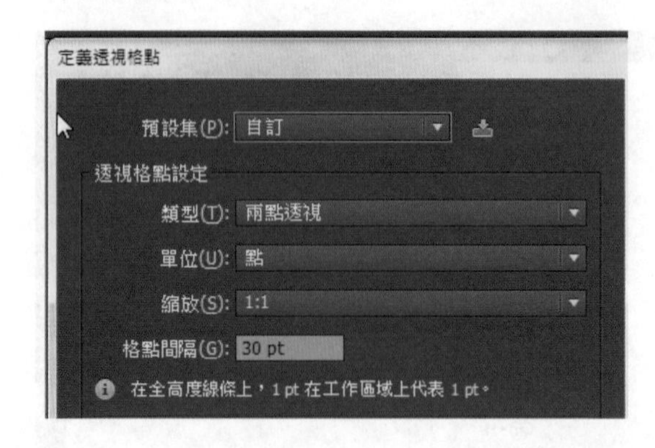

- **預設集**：若要儲存新預設集，請從「預設集」下拉式清單選取「自訂」選項。
- **類型**：選取預設集的類型：單點透視、兩點透視或三點透視。
- **單位**：選取要測量格點大小的單位，選項包括公分、英吋、像素及點。
- **縮放**：選取要檢視的格點縮放，或設定工作區域及真實世界的度量單位。

若要自訂縮放比例，請選取「自訂」選項，在「自訂縮放」對話框中，指定「工作區域」與「真實世界」的等比例。

若是要在透視中繪製新物件，請在格點可見時，使用線條群組工具或矩形群組工具。使用矩形或線條群組工具時，您可以按 Cmd（Mac OS）或 Ctrl（Windows），切換至「透視選取範圍」工具。

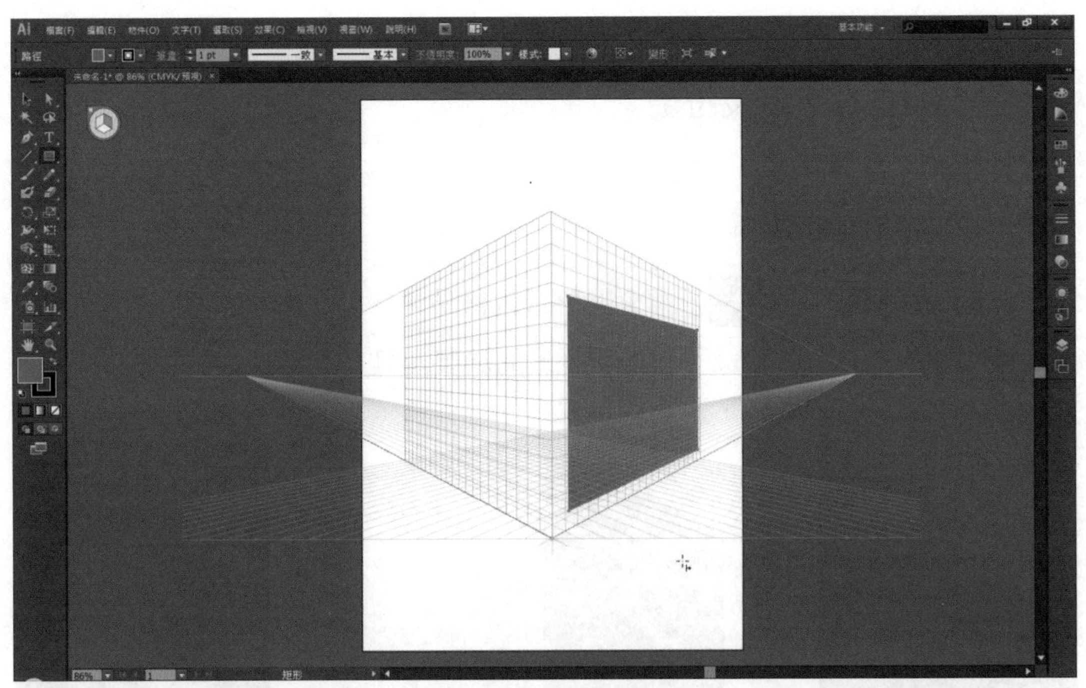

選取這些工具後，您也可以使用鍵盤快速鍵 1（左平面）、2（水平平面）和 3（右平面）來切換作用中的平面。

則如果想移動透視中的物件，請切換至「透視選取」工具，然後使用方向鍵或滑鼠來拖放物件，您也可以使用格點平面控制來拖移格點平面，使其依垂直方向來移動物件。

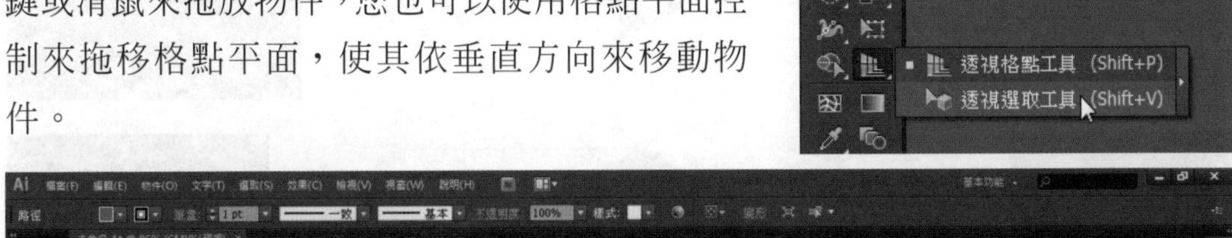

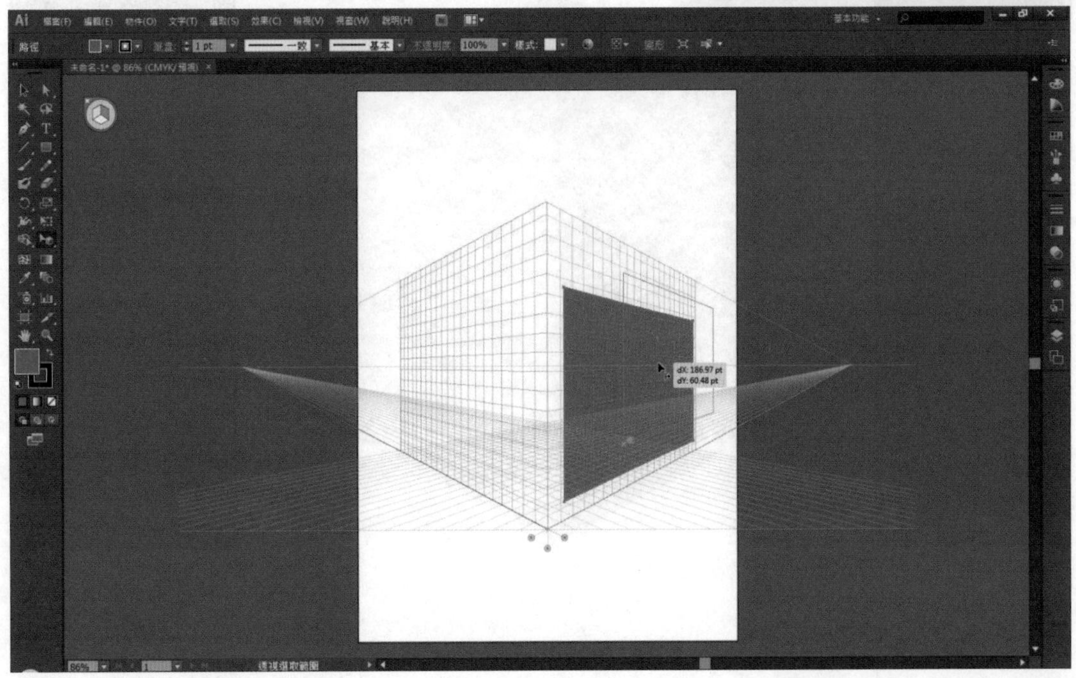

當您以垂直方向移動物件時，會將物件平行放置在其現有或目前的位置。

新增透視中的文字以及符號

使用「透視選取工具」選取現有的文字或符號，並在格點是可見時，將它拖移至作用中平面上的所需位置。

點擊透視格點工具 ，即會開啓透視格點。

使用鋼筆工具對齊格線，就能夠輕鬆的繪製出具有立體透視效果的物件。

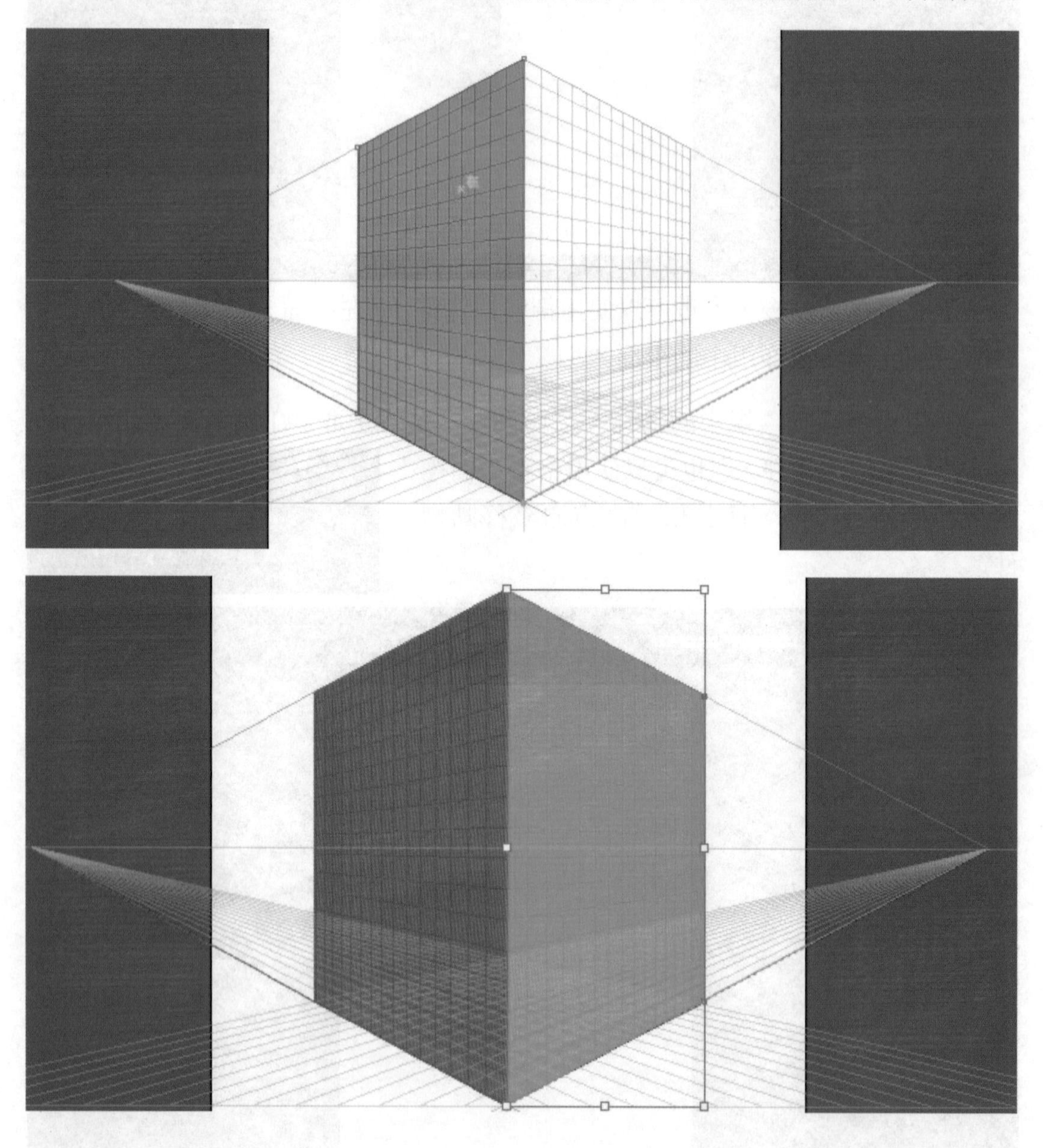

接著可嘗試繪製陰影面，增加畫面的立體度。設定漸層顏色更具立體感。

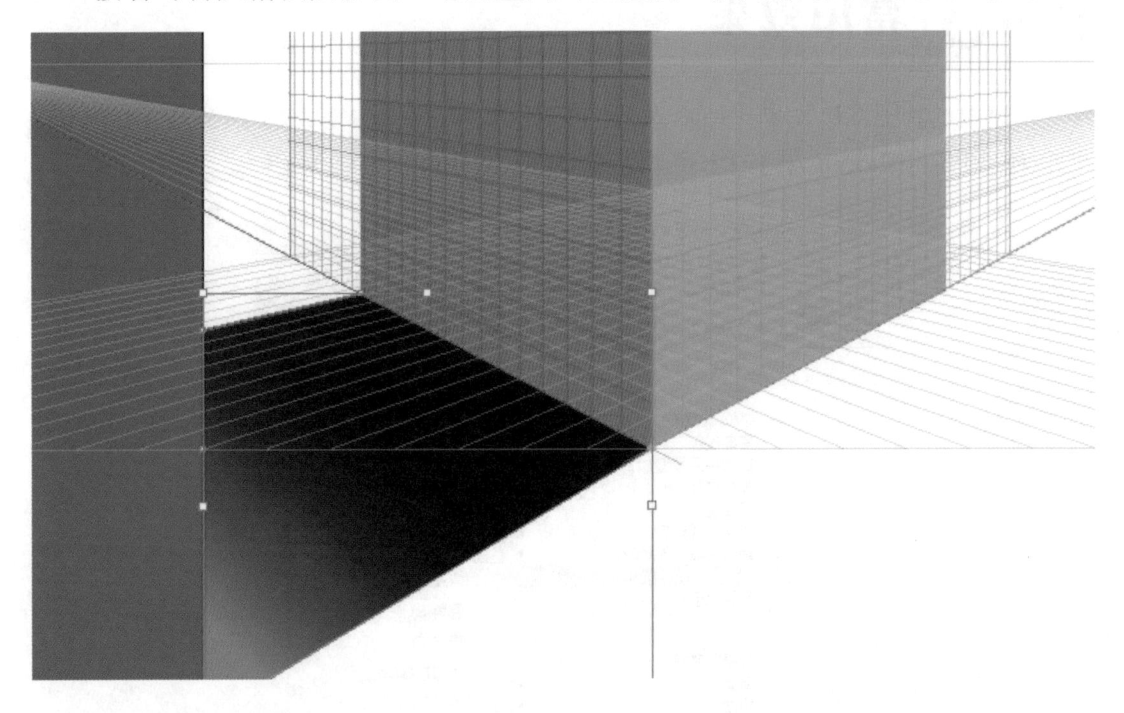

繪製完成後，可將透視格點關閉。

使用透視格點工具按下X，便可關閉透視格點。

再添加上地板、天空等物件，就會比較完整。

6-6 常用效果

Illustrator中的效果功能表中有兩大類效果，分別爲「Illustrator效果」和「Photoshop效果」，本節將針對幾種常用的效果做介紹。

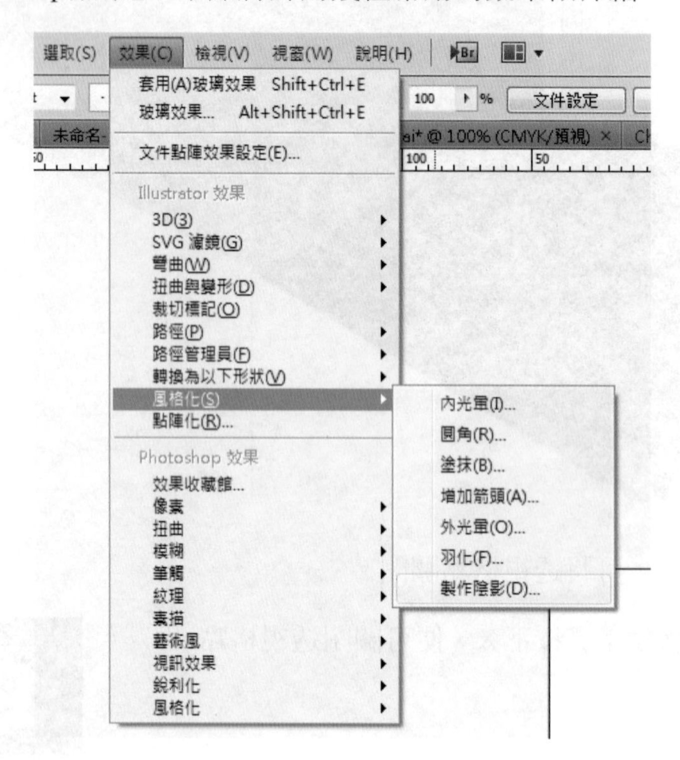

6-6-1 Illustrator效果

3D效果

有「突出與斜角」、「迴轉」、「旋轉」三種基本分類。在此以「突出與斜角」爲例。

01 點選文字後，執行「效果＞3D＞突出與斜角」，開啟「3D突出與斜角選項」對話視窗。

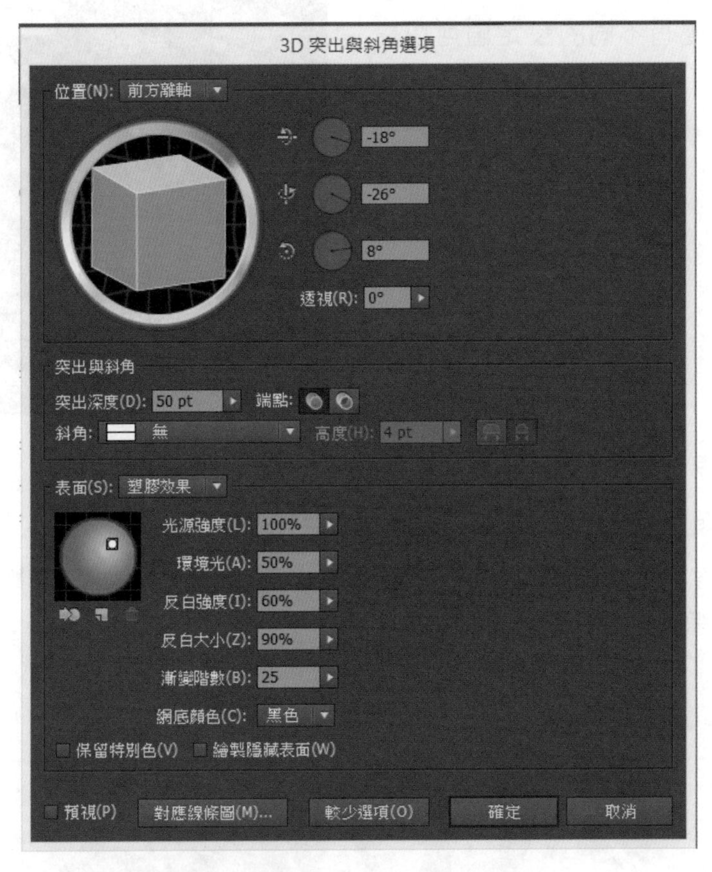

02 勾選左下角的「預覽」後，可開啟「位置」下拉式選單，並用滑鼠左鍵點擊藍色方塊並拖曳角度射定。（亦可在選項對話視窗中手動輸入角度數值）

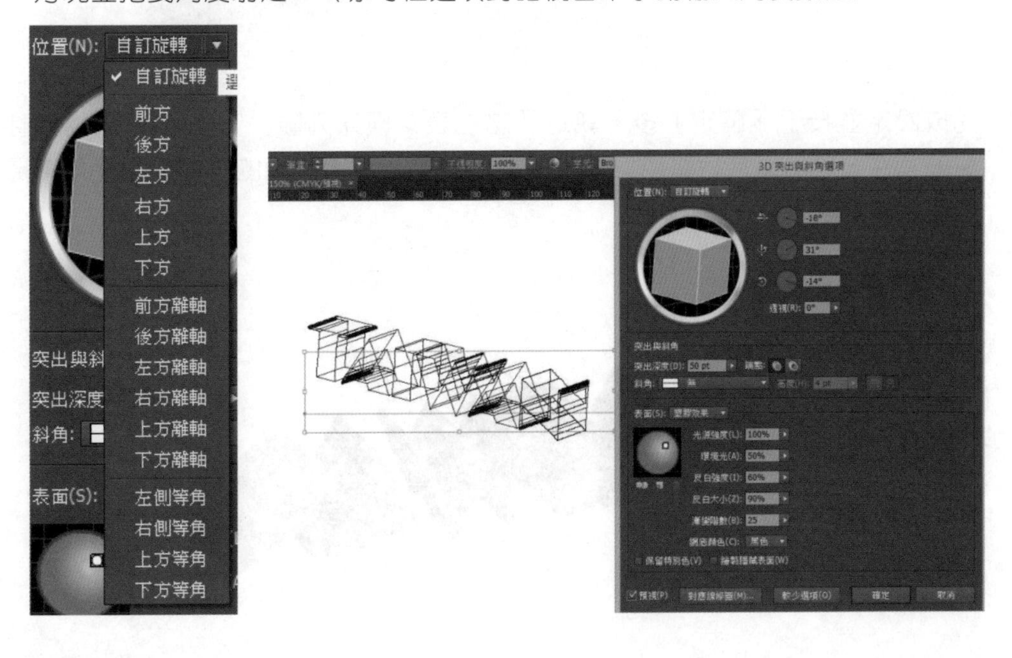

03 接著開啓「表面」下拉式選單，在此使用「漫射效果」。（針對不同的表面效果，會有不同的設定值可以設定。）

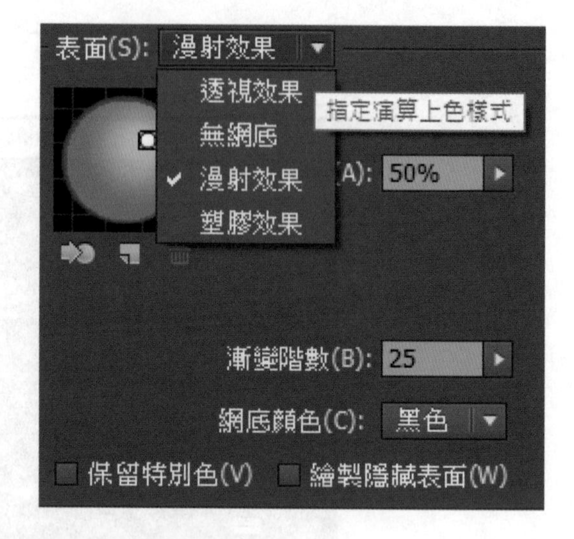

04 點擊並拖曳「表面」選向下方的球體白點，可設定光源處。

05 將「網底顏色」設為無，即可清楚看見文字的3D效果。

06 「光源強度」是光源處的亮度，「環境光」是側面的亮度，「漸變階數」影響到3D效果的細緻強度。

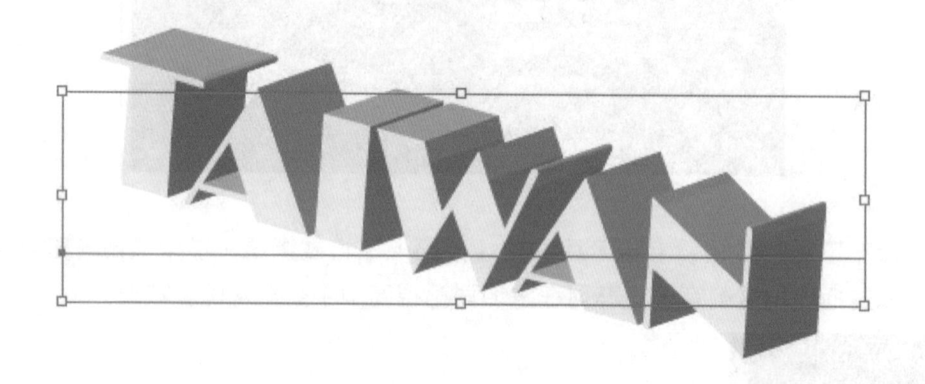

07 完成設定並按下「確定」後，執行「功能表＞擴充外觀」，使3D效果物件轉為一般物件，就可以進行路徑與填色的個別調整。若將側面的立體效果使用漸層填色，將使圖像更具立體感。

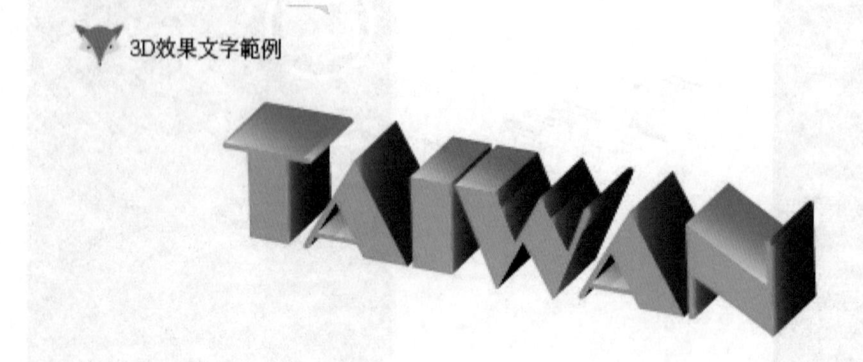

彎曲

01 繪製三角形，執行功能表「效果>彎曲>弧形」，勾選「預覽」進行參數調整。

02 完成後執行功能表「物件>擴充外觀」。

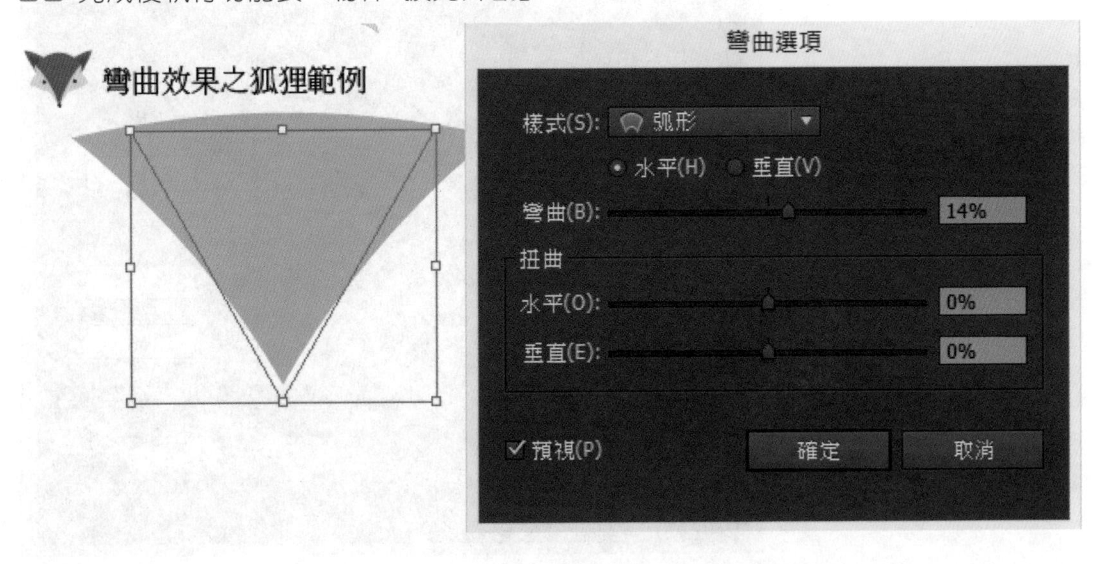

03 接著運用同樣的方法完成顏色較淺的頭部，按右鍵「排列順序>置於下層」，並使用直接選取工具調整細節，完成基本頭部造型。

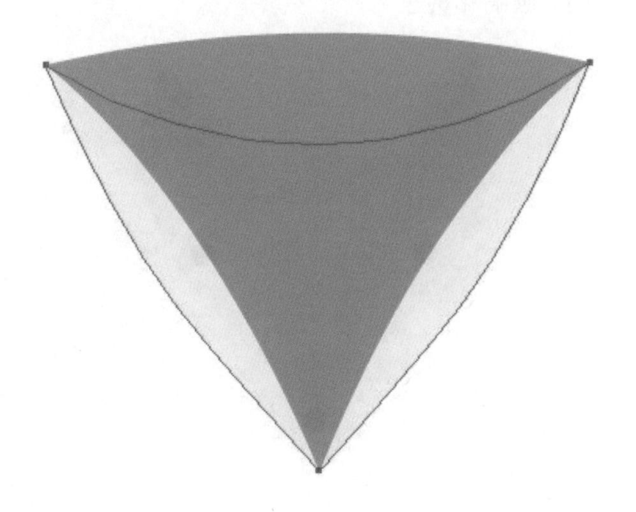

04 繪製較小的三角形，執行「效果＞彎曲＞膨脹」，調整參數，直到想要的耳朵形狀完成。

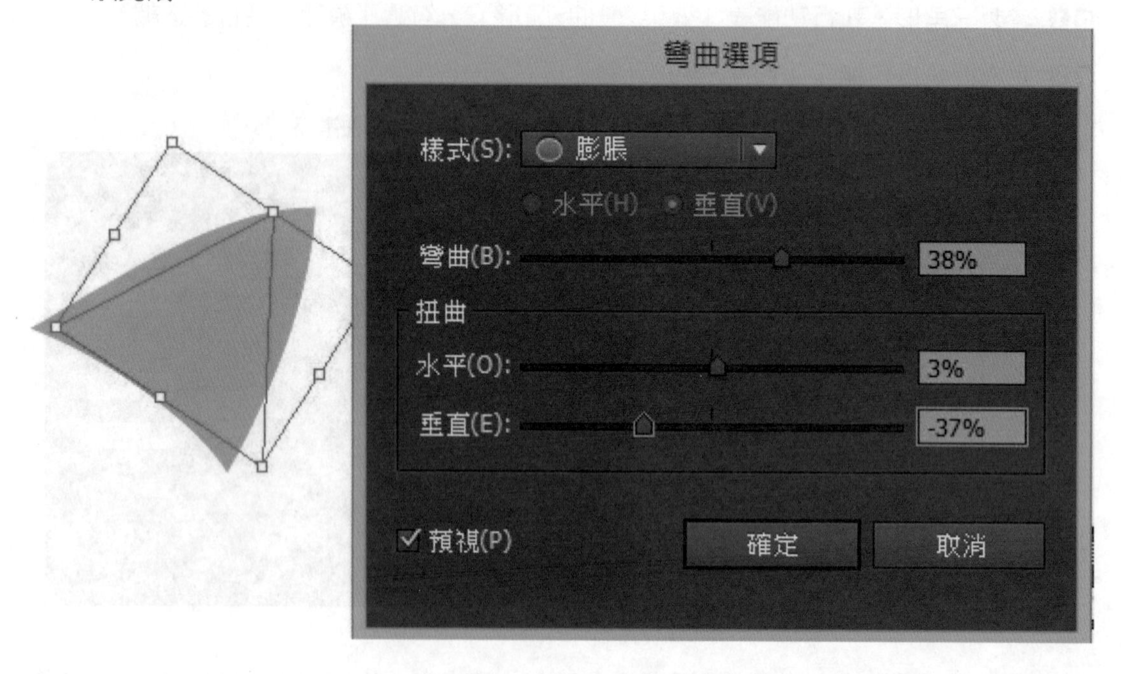

05 將耳朵擺放在適當的位置，排列順序>置於最下方。再製作顏色較深的耳朵內部。

06 使用橢圓形工具加上眼睛和鼻子。

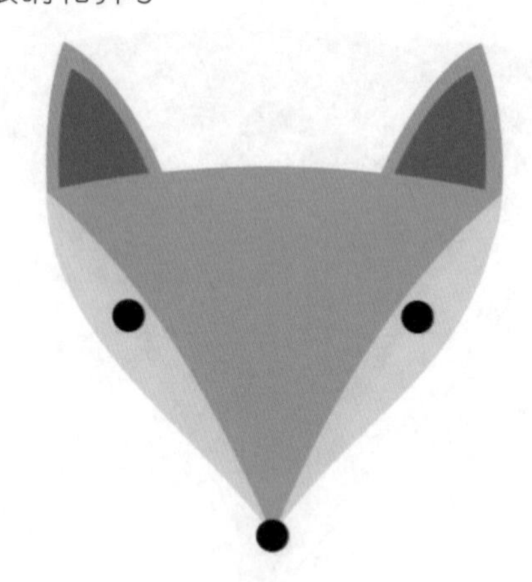

内光暈

內光暈模式預設爲「濾色」、顏色「白」，套用在物件上會產生一圈內部的光暈效果。

01 選取花瓣路徑，執行「效果＞風格化＞內光暈」。

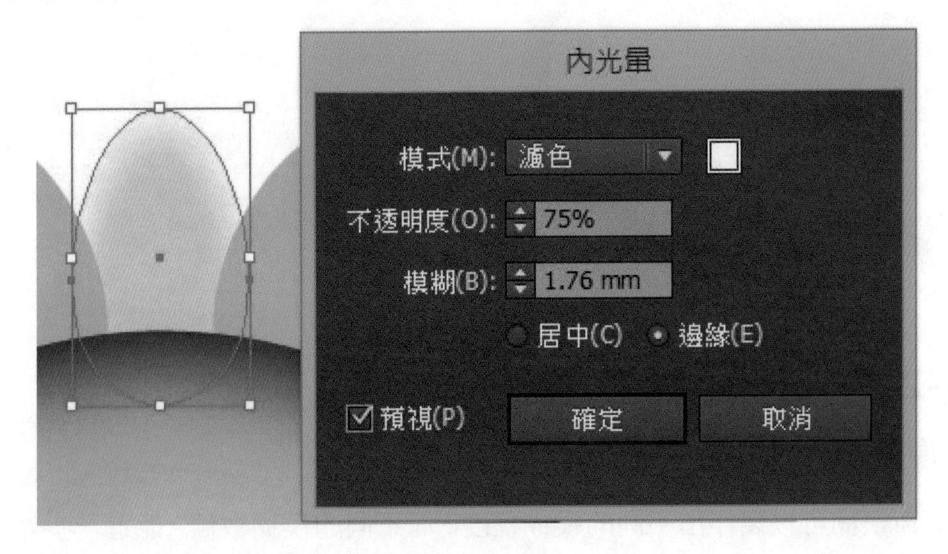

02 若希望花瓣邊緣呈現較深顏色，則可將模式改為色彩增值、顏色改深黃色，並適量調整其他參數，則可繪製出漂亮的花瓣效果。

陰影

01 選取欲增加陰影的物件，執行「效果>風格化>陰影」。

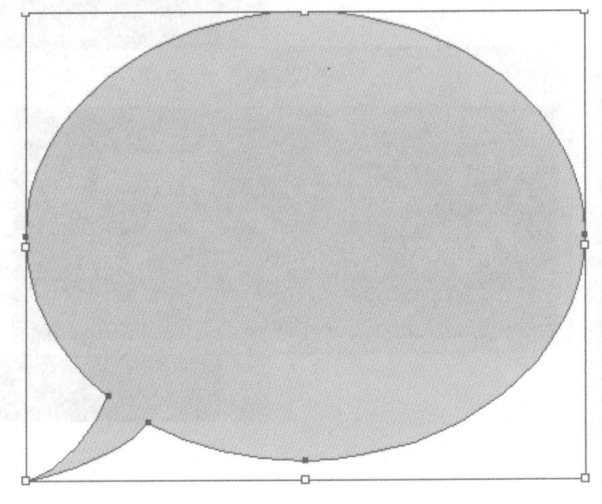

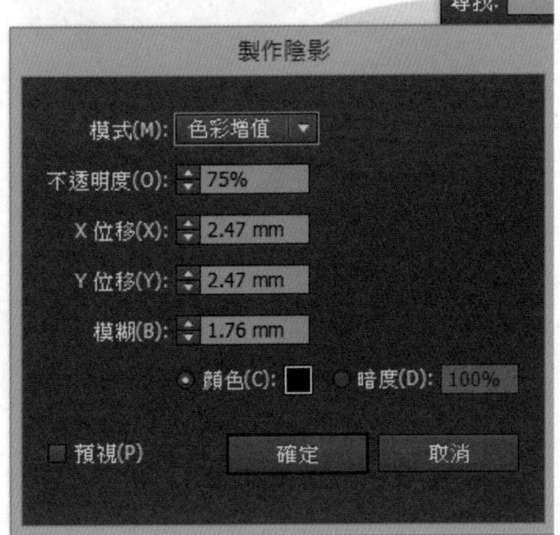

02 適量調整參數，添加陰影後，可以讓物件呈現立體感，若與們有陰影效果的兩個對話框擺在一起做比較，就可以明顯感受出其差異。

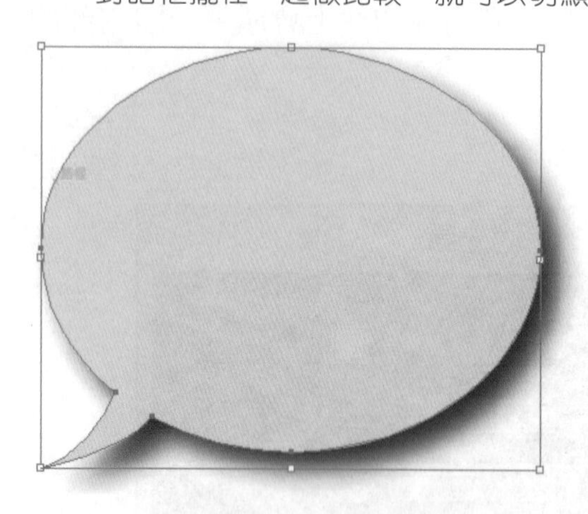

6-6-2 Photoshop效果

高斯模糊

高斯模糊可以製作出不同的模糊程度，而不同的模糊數值，能進一步產生類似漸層的顏色質感，是經常使用的一種效果。

請開啓CH6.6.4.ai檔案

01 選取欲添加高斯模糊的物件，執行「效果>模糊>高斯模糊」。

02 調整適當的參數後按下確定，即完成高斯模糊的效果套用。

6-6-3 效果參數修改

當物件添加效果後，有時可能並不滿意出步調整的結果，此時就需要回頭調整效果參數。延續上一小節中的陰影範例做說明：

01 點選已添加效果的物件，開啓「外觀」工作面版，可以看見清單中有剛剛添加的效果「高斯模糊」。

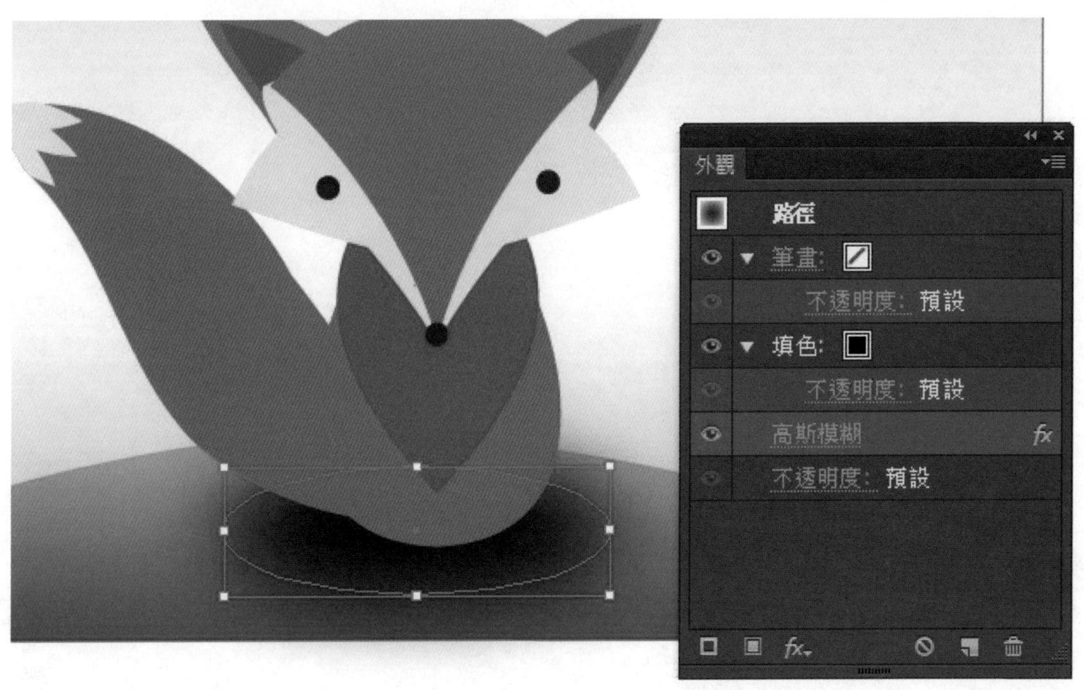

02 在外觀面板中用雙擊「高斯模糊」，即可開啓高斯模糊的對話視窗。重新調整數值並勾選「預視」，可見物件重新調整後的外觀。按下確定後即修改完成。

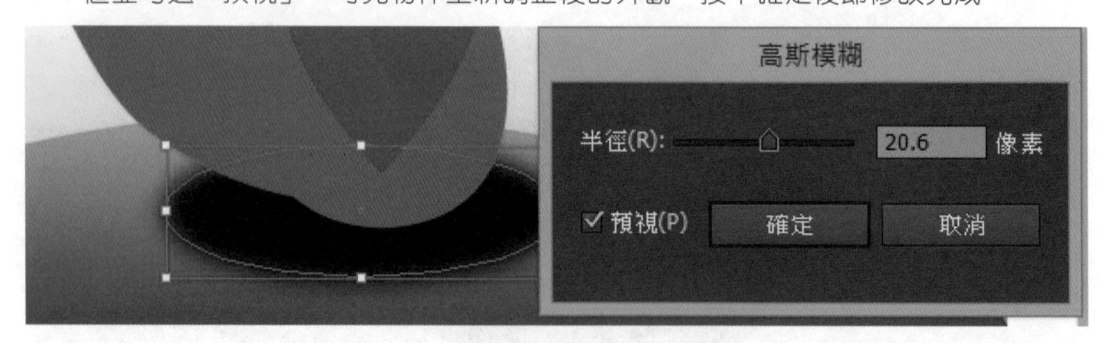

03 若要刪除已添加的效果（以高斯模糊為例），點選已套用效果的物件，開啓外觀工作面板，點選效果並按外觀面板右下角的刪除即可。

若是已將添加效果的物件執行「擴充外觀」，則無法編輯該效果。

自我評量

✦是非題

( ) 1. 哪一種字體適合做為標題使用？ **(非是非題)**

( ) 2. 欲當作剪裁遮色片範圍的物件，一定要置於欲套用剪裁遮色片效果之物件的最上面。

( ) 3. 區域文字工具可在路徑範圍內填入文字，使文字依照路徑的形狀編排。此方法僅限於封閉式路徑。

( ) 4. 使用文字工具輸入文字後，若要離開文字編輯模式，可按鍵盤的「enter」鍵作為離開鈕。

( ) 5. 影像描圖是將點陣圖轉換為向量圖。

( ) 6. 漸層網格工具，鍵盤快速鍵為U。

( ) 7. Illustrator 提供單點、兩點及三點透視的預設集，若要選取其中一個預設的透視格點預設集，可執行「視窗 > 透視格點 > 顯示」。

( ) 8. Illustrator不能夠使用Photoshop效果。

✦選擇題

( ) 1. 哪一種字體適合做為標題使用？(A)Script typeface字體 (B)Sans serif字體 (C)Serif 字體 (D)標誌符號。

( ) 2. 什麼是字寬？(A)調整特定字母之間的空間，使外觀更具視覺上吸引力 (B)設定距離專案項目的位置 (C)在選定區域內，打開或關閉所有字母之間的間距 (D)文字的寬度比例。

( ) 3. 如何開啓字元面板？(A)文字 > 面板 > 字元 (B)視窗 > 字元 (C)文字 > 字元 (D)視窗 > 文字 > 字元。

( ) 4. Illustrator的3D效果有？(請選擇三種)(A)突出與斜角 (B)透視 (C)迴轉 (D)旋轉。

( ) 5. Illustrator的變形有？(請選擇三種)(A)縮放 (B)旋轉 (C)彎曲 (D)傾斜。

( ) 6. 在物件添加效果之後，若是想調整此效果，可於下列哪個面板開啓效果進行編輯？(A)效果面板 (B)外觀面板 (C)透明度面板 (D)圖層面板。

( ) 7. 下列何者不是Illustrator提供的影像描圖預設集？(A)水彩圖 (B)灰階濃度 (C)素描圖 (D)剪影。

( ) 8. 建立漸層網格的方法為？(A)物件 > 建立漸層網格 (B)物件 > 漸變 > 建立漸層網格 (C)物件 > 漸層網格選項 > 建立 (D)物件 > 建立漸層網格 > 製作。

CHAPTER

07

使用 Illustrator 進行圖形封存、匯出及出版

7-1 網頁元素

7-1-1 製版與切片

與Photoshop不同，使用Illustrator設計網頁版型，多是以向量圖形為主，使用照片的部分相對較少。因此使用者可以輸入文字、建立各式各樣的按鈕與圖示以豐富網頁的版型。

網頁中通常都會包含許多元素，如文字、點陣圖影像和向量圖形（按鈕與圖示）等。在 Illustrator 中，使用者可以使用切片來分割圖稿中不同網頁元素的邊界。例如，若圖稿中含有需要最佳化為 JPEG 格式的照片影像，但還有其他圖形比較適合最佳化為 GIF 格式時，就可以使用切片分割影像。使用「儲存為網頁用」指令將圖稿存成網頁時，可以選擇將每塊切片儲存為個別格式及色彩的獨立檔案。儲存格式為JPEG、GIF及PNG三種，這都是瀏覽器可以呈現的圖檔。

使用切片可以將整個圖稿分成多個圖檔，可以縮減個別檔案的大小，以利於網路上的傳輸。而新一代網頁設計的概念則是將圖片個別輸出，再使用網頁中的DIV標籤搭配CSS樣式表個別包裝，再組成整個網頁。

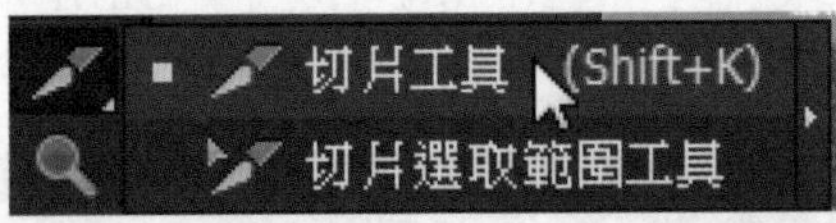

製作切片的時候，因爲預設輸出後是使用表格將切片組合成網頁，所以每個切片都是矩形。而製作切片時不可讓切片的範圍重疊，以免導致輸出時有細條狀圖形產生，讓後續網頁設計工作上增添許多困難。

除了直接使用切片工具進行切片之外，使用者也可以使用以下方式建立切片：

01 選取工作區域上一或多個物件

02 選擇「物件>切片>製作」，即可將全部切片製作完成。

7-1-2 儲存網頁用影像

儲存爲網頁用影像時，可依切片影像內容的不同，儲存爲特定格式。例如含有全彩影像內容的切片，可以儲存爲JPEG格式；而切片內容爲單純色塊時，則可以選擇儲存爲無影像或是GIF格式。

儲存切片的方式如下：

01 切片完成之後，點擊檔案>儲存為網頁用。

檔案(F) 編輯(E) 物件(O) 文字(T) 選取(S) 效果(C)

新增(N)... Ctrl+N
從範本新增(T)... Shift+Ctrl+N
開啟舊檔(O)... Ctrl+O
打開最近使用過的檔案(F)
在 Bridge 中瀏覽... Alt+Ctrl+O
關閉檔案(C) Ctrl+W
儲存(S) Ctrl+S
另存新檔(A)... Shift+Ctrl+S
儲存拷貝(Y)... Alt+Ctrl+S
另存範本...
儲存為網頁用(W)... Alt+Shift+Ctrl+S
儲存選取的切片...
回復(V) F12

02 點選每個切片以個別設定儲存格式，也可以使用Shift鍵搭配滑鼠左鍵點選多個切片同時設定。

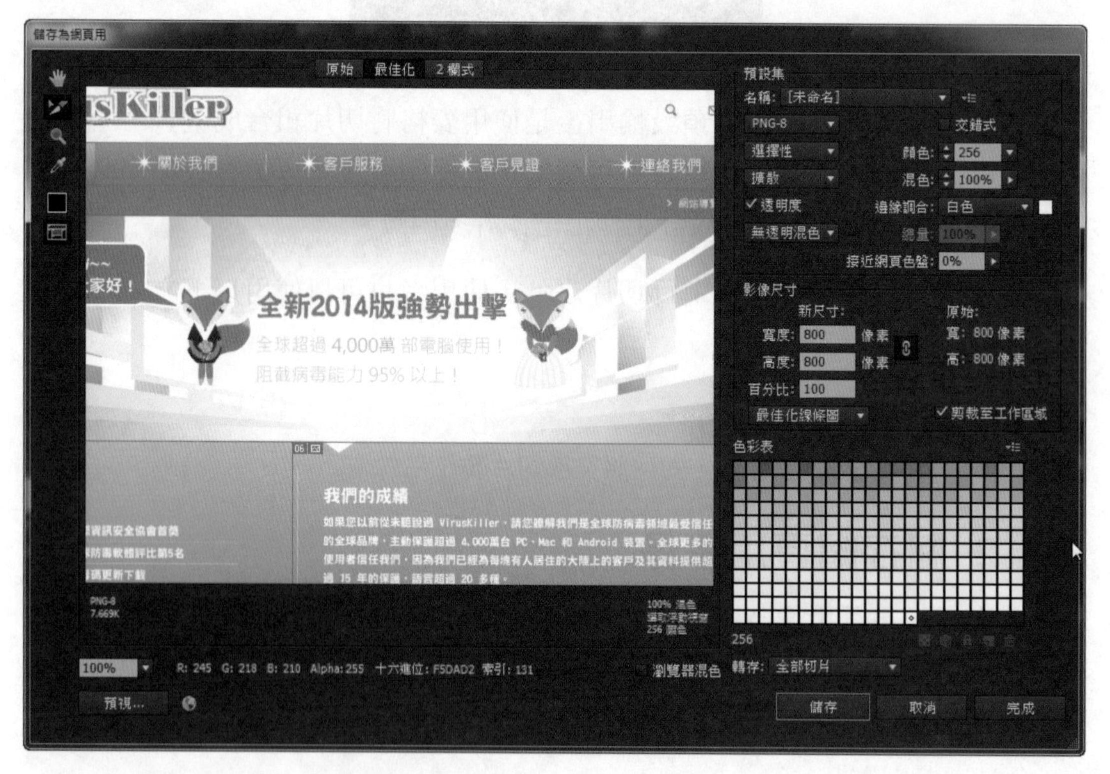

03 點選儲存後，即可將所有切片輸出並產生網頁檔。

7-2 平面輸出

7-2-1 裁切標記

裁切標記可以在印刷品的週邊建立裁切線，也就是印刷完成後用裁刀裁切時需要的參考線。除了一般的參考線外，還可以設定「日式裁切標記」，若點選編輯＞偏好設定＞一般設定，勾選使用日式裁切標記，則建立的裁切標記即為日式裁切標記。日式裁切標記包含雙線與十字對位線，並同時定義3公釐預設出血值，對於印刷廠的裁切工作而言，比較詳細的標記可以提升工作的效率並減少裁切錯誤的機會。

建立裁切標記時必須先在印刷品的外圍建立一個外框路徑，接著點選此外框路徑後，可以用以下兩種方式建立裁切標記：

01 物件>建立剪裁標記

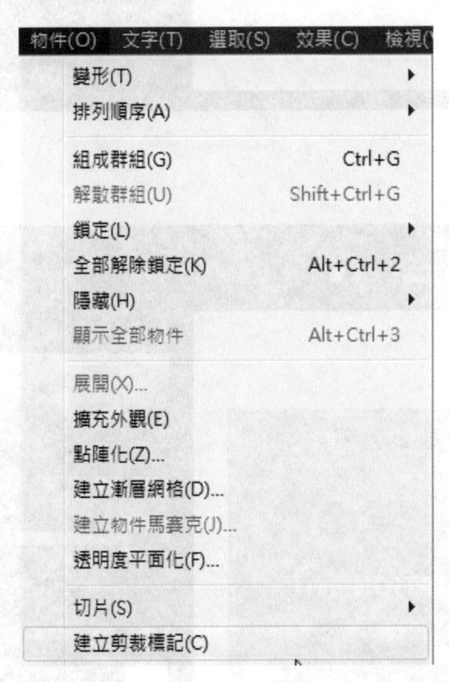

02 效果>裁切標記

效果(C) 檢視(V) 視窗(W)
套用上一個效果 Shift+Ctrl+E
上一個效果 Alt+Shift+Ctrl+E
文件點陣效果設定(E)...
Illustrator 效果
3D(3)
SVG 濾鏡(G)
彎曲(W)
扭曲與變形(D)
裁切標記(O)
路徑(P)
路徑管理員(F)
轉換為以下形狀(V)
風格化(S)
點陣化(R)...

其中一般裁切標記與日式裁切標記在標示上有些微的不同。

➡ 一般裁切標記

➡ 日式裁切標記

7-2-2 印刷校樣

Adobe系列軟體一直是印刷業界的標準，大部分印刷設備也都支援Adobe軟體的輸出，印刷前置作業除了機器設備之外，了解軟體的印前準備也是非常重要的一環；而列印分色則屬於後製部分，也是必須留意的細節。

印刷設備通常會將圖稿分色爲四個印刷色色版，分別是洋紅色C、青色M、黃色Y和黑色K。使用者也可使用自訂的特別色。此時必須爲每一個特別色個別建立色版。若上述的油墨顏色正確，這些顏色就會合併成爲原來的圖稿。

這種將影像分成兩種以上顏色的步驟就稱爲分色，而建立色版的底片叫做分色片。使用者可以點擊「視窗>分色預視」以預覽分色後的外觀。

Illustrator支援兩種常用的工作流程或模式來建立分色。這兩者最主要的差別是建立分色的位置，一種是建立在電腦上（使用Illustrator和印表機驅動程式的系統）或輸出設備的RIP（點陣影像處理器）上。

傳統做法是在分色工作流程中，由Illustrator爲該文件所需的分色個別建立PostScript 資料，並將該資訊傳送至輸出裝置。

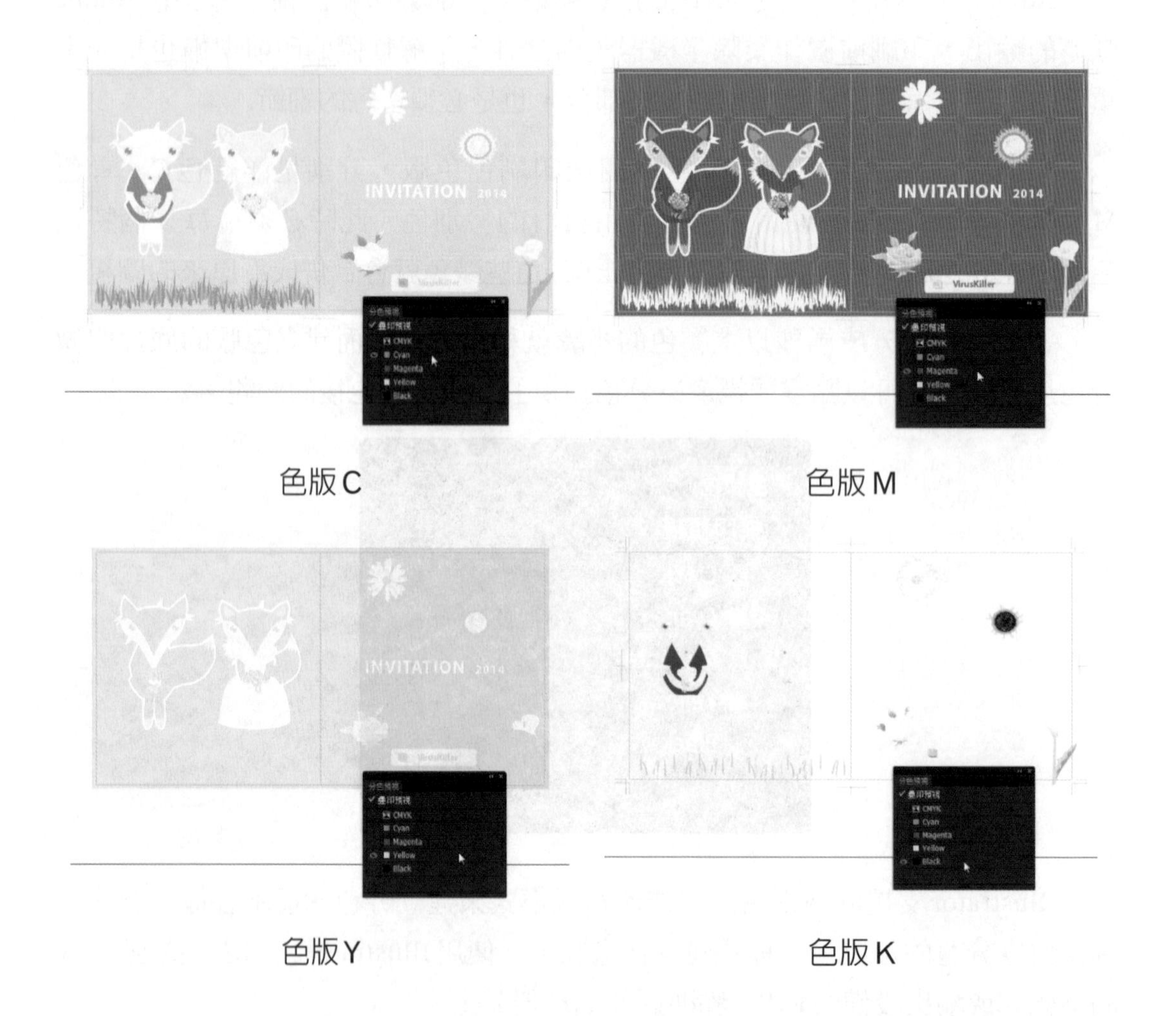

色版C 色版M

色版Y 色版K

在較先進且以點陣影像處理器爲主的工作流程中，新一代的PostScript RIP會在 RIP（點陣影像處理器）中執行色彩管理。

7-3 Flash圖形與動畫

Adobe Flash（SWF）檔案格式是一種向量圖像檔案格式。由於該檔案格式是以向量為基礎，因此不論解析度多少，圖片都可以維持原本的影像品質，非常適合用來建立動畫。在 Illustrator 中，可以在圖層上建立個別的動畫影格，然後將影像圖層轉存成個別影格，用以建立SWF動畫。

依照以下步驟，可以建立形狀漸變的動畫：

01 先建立四個不同顏色與外形的圖形。

02 點擊圖層工作面版右上方的下拉式選單，選取釋放至圖層（順序），將四個圖形分散到四個圖層。

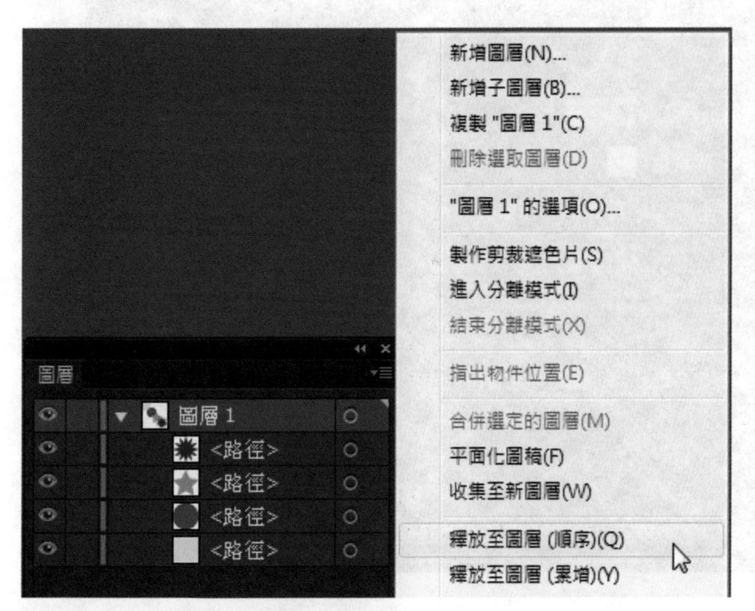

03 將每個動畫影格放置在不同的 Illustrator 圖層中，然後在轉存時選擇「AI 圖層轉換為 SWF 影格」選項。

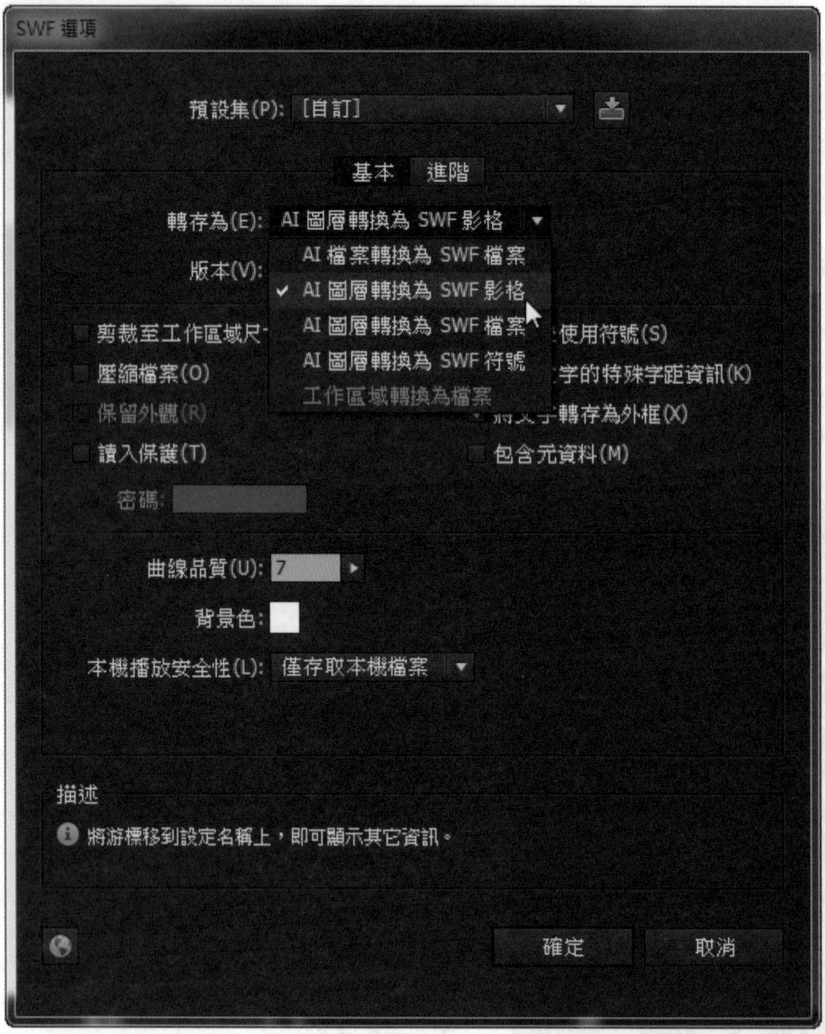

04 切換至進階設定勾選「循環」，即可重複播放。也可以視需要進一步設定影格速率、動畫漸變及圖層順序。

05 按下確定後即可儲存成SWF動畫。

自我評量

✦是非題

( ) 1. 使用「儲存為網頁用」指令將圖稿存成網頁時，可以選擇將每塊切片儲存為個別格式及色彩的獨立檔案。

( ) 2. Adobe Flash（SWF）檔案格式是一種點陣圖像檔案格式。

( ) 3. Illustrator無法將文件直接儲存為網頁。

( ) 4. 使用Illustrator製作海報時，須將最終文件轉存為點陣圖。

( ) 5. 製作切片時，每一個切片都可以自行設定，並不限於特定形狀。

( ) 6. 四個印刷色色板，分別是洋紅色C、青色M、黃色Y和黑色K。

( ) 7. 在Illustrator中可以建立SWF動畫。

✦選擇題

( ) 1. 何時使用 CMYK？(A)當需要較小的檔案時　(B)當使用LCD顯示時　(C)建立網頁的圖像時　(D)建立列印的圖像時。

( ) 2. 下列何者為正確建立裁切標記的步驟？(請選擇兩個)(A)效果 > 建立裁切標記　(B)效果 > 裁切標記　(C)物件 > 建立裁切標記　(D)物件 > 裁切標記。

( ) 3. 若要預覽分色後的外觀，須執行？(A)檢視 > 分色預視　(B)效果 > 分色預視　(C)視窗 > 分色預視　(D)物件 > 分色預視。

( ) 4. 將Illustrator的檔案轉換為SWF動畫，要做以下哪個設定？(A)AI檔案轉換成SWF檔案　(B)AI圖層轉換成SWF影格　(C)AI圖層轉換成SWF檔案　(D)AI圖層轉換成SWF符號。

( ) 5. 製作網頁時，需使用下列哪個工具進行版面切割？(A)裁切工具　(B)切片工具　(C)變形工具　(D)工作區域工具。

CHAPTER

A

Illstrator 模擬試題

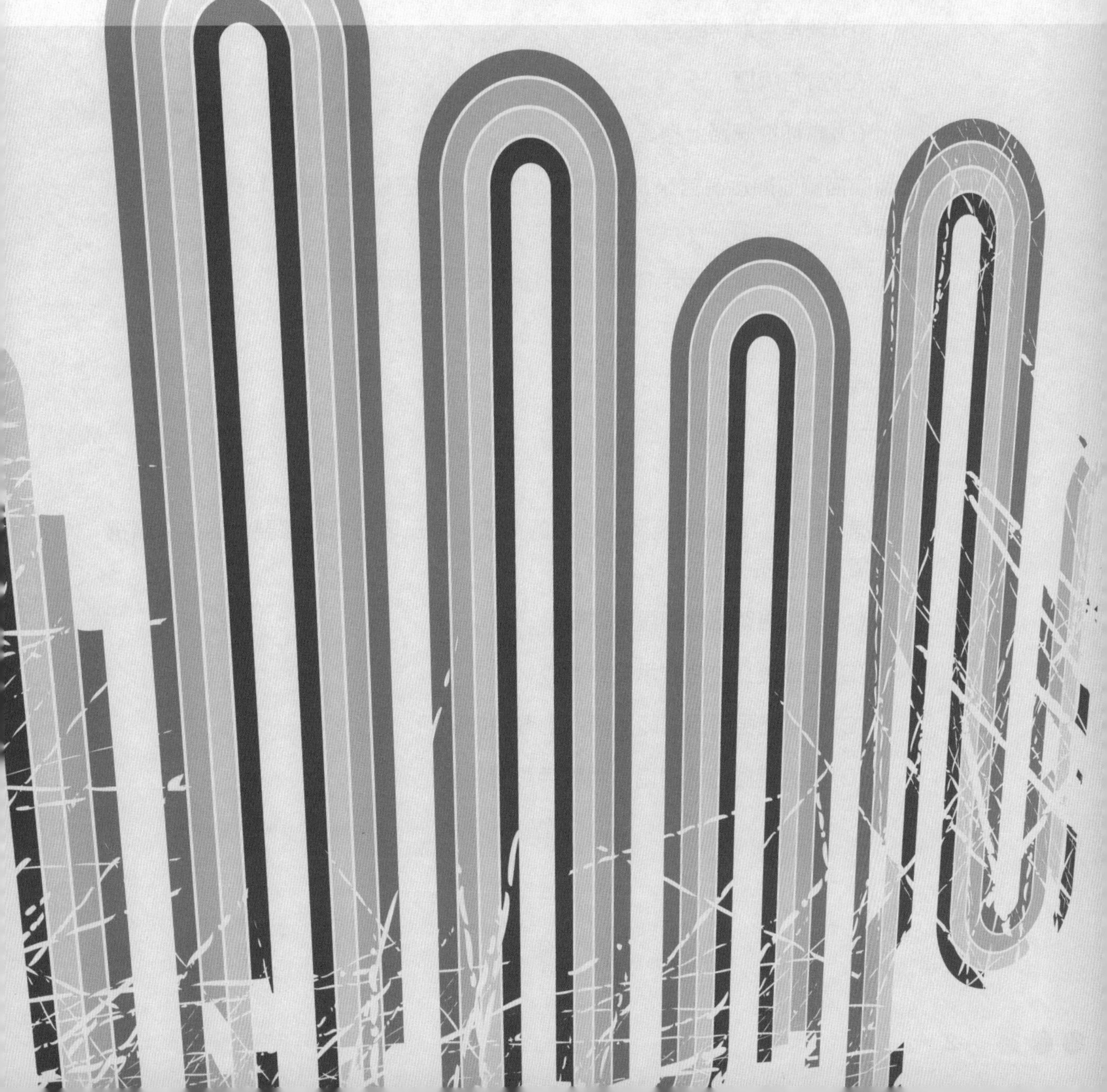

1. ( )您正在建立鄰里慈善籌款活動的傳單，您必需知道有效地建立傳單是哪兩件事？（請選擇兩個答案）。

 (A)募捐人的總預算

 (B)鄰里的人口統計

 (C)募捐的形式

 (D)出席者的教育水平

2. ( )什麼時候需要獲得圖像使用許可權？

 (A)在圖像還沒有被標記成合法使用範圍時候

 (B)總是可取得許可

 (C)當有版權

 (D)當你從網路上搜索找到

3. 建立圖像描圖並顯示為含來源影像的外框。(請開啓模擬試題資料夾中的s03.ai進行編輯)

4. 專案發展過程的正確順序是什麼？排列答案至正確的順序。

 (A)設計

 (B)實施或發布

 (C)規劃和分析

 (D)測試

 (E)建設

5. ( )為了確保設計專案能滿足客戶的需求，哪三項是您應該要做的？（請選擇三個答案）。

 (A)定期更新客戶的設計進度

 (B)在最後交付時展示設計更改

 (C)任何變更項目的範圍需得到客戶的認可

 (D)提供模擬的草圖協助將客戶設計視覺化

6. (　　) 什麼是三分法則？

(A) 準則表示所有圖像不應集中

(B) 準則將圖像分割為九個等分，並應沿行或點將這些部份放置成為構圖元素

(C) 準則將圖像劃分為三個等分，構成元素應該只能放在第三部分

(D) 準則說明所有圖像應分成三個部分，所有的元素應該集中在中間部分

7. (　　) 下列哪一項是一個合法的視訊格格式？

(A)SVG

(B)PNG

(C)MPEG

(D)BMP

8. 在使用中的CMYK中查看圖像為：U.S. We(B)Coate(D)（SWOP）v2。(請開啓模擬試題資料夾中的s08.ai進行編輯)

9. (　　) 何時使用 CMYK ？

(A) 當需要較小的檔案時

(B) 當使用LCD顯示時

(C) 建立網頁的圖像時

(D) 建立列印的圖像時

10. 將玫瑰圖像上方的文字置中對齊。(請開啓模擬試題資料夾中的s10.ai進行編輯)

11. (　　) 什麼是字距？

(A) 調整特定字母之間的空間，使外觀更具視覺上吸引力

(B) 設定距離專案項目的位置

(C) 在選定區域內，打開或關閉所有字母之間的間距

(D) 文字行之間的垂直距間距

12. 將污點向量包 11 符號顯示在空白的文件中。(請開啓模擬試題資料夾中的s11.ai進行編輯)

13. (　　)符號的優點是什麼？(請選擇兩個答案)。

    (A) 他們可以製作成影片剪輯

    (B) 他們是藝術物件，可以容易添加到一個專案中，但不會改變

    (C) 他們是藝術物件，可容易地添加到專案中並可以改變

    (D) 他們可以製作自己的漸層。

14. (　　)哪個選項最能準確描述形態原則(格式塔原則)？

    (A) 注意細節

    (B) 綜合想法

    (C) 整體大部分的總和

    (D) 個別作品的優勢

15. 在圖像中每一個角落使用切片，包括圖像和文字方塊(製作所有切片)(請開啓模擬試題資料夾中的s15.ai進行編輯)

16. 建立一個向頂部花瓣方向漸變的花。漸層色為：白色/綠色(白色為中心，外面為綠色並使用CMYK 綠色作為您的綠色顏色)。(請開啓模擬試題資料夾中的s16.ai進行編輯)

17. 建立一個新的顏色色票命名為「新顏色」。使用RG(B)色彩模式，並設定以下的顏色設置為：紅：73　綠：21　藍：52。(請開啓模擬試題資料夾中的s17.ai進行編輯)

18. 鋼筆工具和鉛筆工具的區別是什麼？
    (A) 鋼筆工具允許您自由繪製，而在鉛筆工具是為直線和曲線
    (B) 鉛筆工具建立不可編輯路徑，而鋼筆工具建立可編輯的路徑
    (C) 鋼筆工具僅用於顏色，而鉛筆工具是為黑色和白色
    (D) 鋼筆工具用於直線和曲線，而鉛筆工具允許自由繪圖

19. 建立一個圖形符號使用樹形象。將它命名為樹。(使用shift鍵請選擇樹物件)(請開啓模擬試題資料夾中的s19.ai進行編輯)

20. 更改點滴筆刷工具選項，以具有擬真度 16 像素、平滑度 75%、尺寸 10pt、角度 135 和圓度 45%。(請開啓模擬試題資料夾中的s20.ai進行編輯)

21. 玫瑰周圍建立一個矩形，並設定它的不透明度為40%。(請開啟模擬試題資料夾中的s21.ai進行編輯)

22. (　　)什麼鍵盤快速鍵可以用來快速切換繪圖筆刷工具？

    (A)L

    (B)B

    (C)P

    (D)N

23. 建立矩形和圓形至工作區域中。(請開啟模擬試題資料夾中的s23.ai進行編輯)

24. 在花的頂端花瓣填入CMYK 紅色。(請開啟模擬試題資料夾中的s24.ai進行編輯)

25. 更改所有文字大小為 25。(使用工作面板中的字元面板)(請開啟模擬試題資料夾中的s25.ai進行編輯)

26. (　　)假設使用顯示圖像找到一個網頁，這是哪種類型的圖像？

    (A)向量圖

    (B)CYMK 列印

    (C)Raster或點陣圖

    (D)Ogg

27. 建立一個 16 色圖像模式的圖片。(請開啟模擬試題資料夾中的s27.ai進行編輯)

28. 在藍色的天空背景中建立 15 橫欄與 15 直欄至中央漸層網格。(請開啟模擬試題資料夾中的s28.ai進行編輯)

29. 在蛋糕上添加75%的縮攏效果。(請開啟模擬試題資料夾中的s29.ai進行編輯)

30. 在圖像上添加 6 個像素的高斯模糊。(請開啟模擬試題資料夾中的s30.ai進行編輯)

31. (　　)什麼是出血？

    (A)您的工作區域，包含最重要內容

    (B)工作延伸區域超出實際工作區域

    (C)圖像的區域是彩色範圍

    (D)裁剪標記的另一個名詞

32. 匯出插圖並命名為：Cartoontree的png檔，至我的文件資料夾中。(請開啓模擬試題資料夾中的s32.ai進行編輯)

33. (　　) 當列印插圖時，該如何確保油墨印刷後的頁面邊緣的頁面被正確修剪。

    (A) 匯出您的圖像，解析度高兩倍

    (B) 在文件中增加出血的設定

    (C) 內容大小完全填充工作區域

    (D) 設定列印選項「額外填充」

34. 建立一個準備要列印到T恤的圖形上，鏡射您的圖案，以便準備適用於T恤。(請開啓模擬試題資料夾中的s34.ai進行編輯)

35. 在笑臉圖像上方的文字增加文字為：Don't forget to.(請開啓模擬試題資料夾中的s35.ai進行編輯)

36. 請選擇所有未使用的色票並刪除它們。(請開啓模擬試題資料夾中的s36.ai進行編輯)

37. 使用剪裁遮色片，在您的文件中僅笑臉顯示。(黑色圓圈是文件，使用於在建立剪裁遮色片中)(請開啓模擬試題資料夾中的s37.ai進行編輯)

38. (　　) 若要建立一個將被用在許多的尺寸和情況的標誌，您應該使用哪種圖像類型？

    (A)Raster

    (B)Bitmap

    (C)Vector

    (D)Scale Image

39. 建立圖像的灰色色調的圖像陰影。(請開啓模擬試題資料夾中的s39.ai進行編輯)

40. (　　) 如何在 Illustrator 中建立一個向量圖素描的標誌？

    (A) 選擇將圖像掃描到 Illustrator並使用影像描圖功能。

    (B) 使用鋼筆工具描圖

    (C) 匯入點陣圖

    (D) 內嵌

41. (　　) 哪個選項是開始管理一個新專案的最佳方式？

(A) 任何事情之前，您應該定義專案項目的範圍。

(B) 撰寫相關計畫

(C) 組織專案團隊

(D) 與客戶商談所有注意事項與計畫

42. (　　) 一般來說，在與客戶溝通時，最重要的是？

(A) 使用簡單和容易理解的語言

(B) 在專案最後提出設計變更

(C) 認定專業

(D) 僅使用 EMAIL 進行溝通

43. 縮放微笑圖形，使它的尺寸縮小 50%。(請開啟模擬試題資料夾中的 s43.ai 進行編輯)

44. (　　) 文件中所顯示的字體樣式是什麼？

(A)Script typeface 字體

(B)Sansserif 字體

(C)Serif 字體

(D) 標誌符號

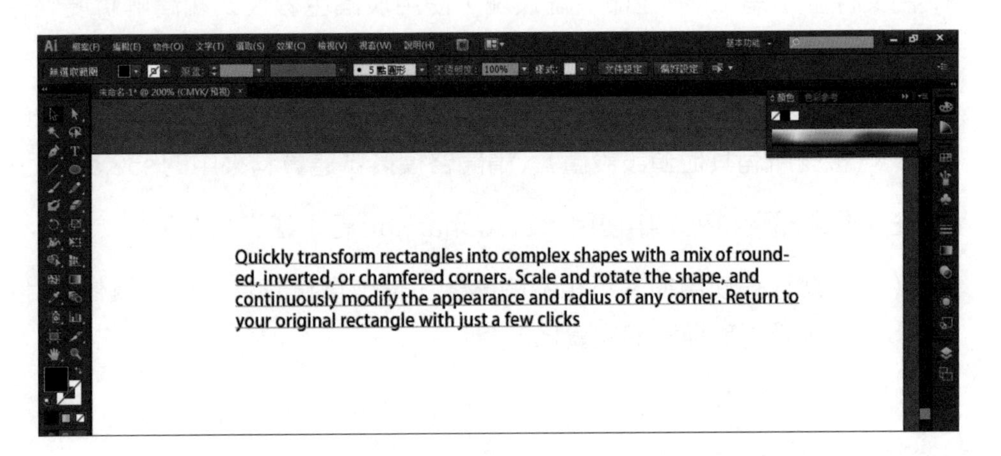

45. (　　)您正在建一個有機食品餐廳的標誌。您會考慮請選擇下列哪一項色彩配置方案？

(A)黑色

(B)粉紅色

(C)紅色

(D)綠色

46. 打開尺標。(請開啓模擬試題資料夾中的s46.ai進行編輯)

47. 顯示透明度格點。(請開啓模擬試題資料夾中的s47.ai進行編輯)

48. 使用灰色的雲建立一個圖形符號，命名為：雲。(請開啓模擬試題資料夾中的s48.ai進行編輯)

49. (　　)哪兩個選項，可以設置文件出血？(請選擇兩個答案)

(A)新文件視窗

(B)檔案資訊面板

(C)列印預設視窗

(D)文件設定視窗

50. 建立一個新的列印文件命名為：標誌設計，具有兩個工作區域，使用字母大小和出血所有的方向為2 pt，保留其他的預設值。

51. 將文件匯出為 BMP並命名為玫瑰，使用灰階色彩模式和高解析度儲存。(接受所有其他預設設置)(請開啓模擬試題資料夾中的s51.ai進行編輯)

52. 在雲圖像添加3D突出效果。使用以下命令：X 軸：18，Y軸：26，旋轉：8。(接受所有其他預設設置)(請開啓模擬試題資料夾中的s52.ai進行編輯)

53. 在「俱樂部資料夾」中使用：Stationary.ait範本建立文件。

54. (　　)您正在使用很多不相關的圖像，形成單個物件來建立圖像。什麼設計原則將用於插圖的視覺化分組？

(A)對比

(B)對齊

(C)接近

(D)重複

55. (　　) 以下哪些是設計要素？（請選擇兩個答案）

(A) 顏色

(B) 形狀

(C) 樣式

(D) 手繪

56. (　　) 如何能最有效地建立一個圓角矩形？

(A) 使用圓角矩形工具

(B) 使用矩形工具並更改其角的屬性

(C) 使用矩形工具，按住 Ctrl + R 鍵同時拖動

(D) 使用直線工具繪製的矩形，將其轉換為一個圓角矩形

57. (　　) 設計師可以經由哪些管道取得影像？（請選擇三個答案）

(A) 圖庫

(B) 網路下載

(C) 報紙剪貼

(D) 攝影

58. (　　) 下列何種影像格式可以製作簡單的影格動畫？

(A)JPG

(B)PNG

(C)GIF

(D)TIFF

59. 將網頁圖像存儲為 JPEG 中等品質。（接受所有其他預設設置）（請開啓模擬試題資料夾中的 s59.ai 進行編輯）

60. 在灰色雲添加 6 PT 黑色筆畫。（請開啓模擬試題資料夾中的 s60.ai 進行編輯）

61. 更改 CMYK 橙色的微笑物件的框線顏色。（請開啓模擬試題資料夾中的 s61.ai 進行編輯）

62. (　　)顏色指南的用途是什麼?

(A)用於更改當前選定的顏的色調和 RGB 值

(B)用於自動調整類似顏色的當前所選路徑

(C)作為線上顏色參考指南

(D)為「和諧規則」訪問或工作時免費顏色

63. 您建立一個使用 RGB 色彩模式的 Illustrator 新文件。但是,在完成圖稿後要使用列印。因此,要更改文件的色彩模式,設定為 CYMK。(請開啓模擬試題資料夾中的 s63.ai 進行編輯)

64. 更改在樹上面顯示的文件字體,鍵入 Times New Roman 字體。(請開啓模擬試題資料夾中的 s64.ai 進行編輯)

65. 更改圖像預設筆畫,使它僅使用 6 種顏色。(請開啓模擬試題資料夾中的 s65.ai 進行編輯)

66. 在上面的花添加文字:一朵花兒生長與陽光。(請開啓模擬試題資料夾中的 s66.ai 進行編輯)

67. 使文字區塊環繞在花圖形。(請開啓模擬試題資料夾中的 s67.ai 進行編輯)

68. 在文件上顯示的立體網格。(請開啓模擬試題資料夾中的 s68.ai 進行編輯)

69. 將裁切標記添加到玫瑰圖像。(請開啓模擬試題資料夾中的 s69.ai 進行編輯)

70. 使用新的按鈕圖像建立一個名為「新按鈕」的符號元件。(請開啓模擬試題資料夾中的 s70.ai 進行編輯)

71. 修改空白工作區域,使它改為橫向。(接受所有其他預設設置)(請開啓模擬試題資料夾中的 s71.ai 進行編輯)

72. (　　)在哪裡可以找到並使用智慧型參考線?

(A)在編輯功能表下拉式清單,請選擇「文件設定」

(B)在編輯功能表下拉式清單,請選擇「偏好設定」

(C)在檢視功能表下拉式清單,請選擇「智慧型參考線」

(D)在選取功能表下拉式清單,請選擇「全部選取」

73. (　　) 什麼是貝茲曲線？

(A) 一個完美的角度曲線

(B) 曲線有一個略尖的角度

(C) 曲線擁有幾個控制把手

(D) 曲線可以縮放和輕鬆地操作

74. (　　) 您想要建立一個類似右側的水池圖形。哪一種工具是最適合於建立此物件？

(A) 圓形工具

(B) 鋼筆工具

(C) 橢圓形工具

(D) 鉛筆工具

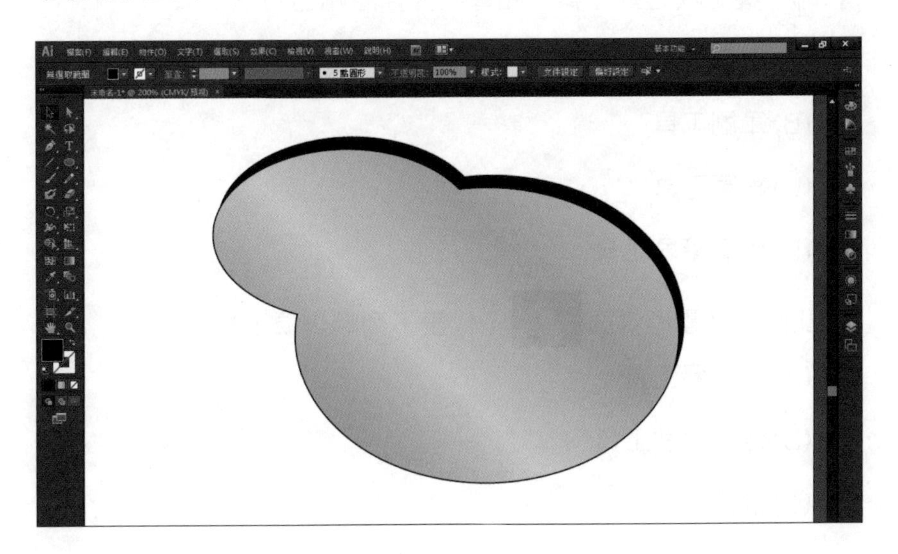

75. (　　) 點滴筆刷工具的功能是什麼？

(A) 繪製厚的圓路徑

(B) 繪製填充複合路徑

(C) 沿著路徑繪製符號

(D) 沿著路徑的繪製修補符號

76. (　　) 如何讓您的工作流程更容易和更有組織？

(A)將專案項目組合在一起

(B)建立多個工作區域

(C)使用工作區域來組織您的項目面板

(D)使用點滴筆刷工具結合項目

77. (　　)以下哪三個選項是預設筆刷類型？（請選擇三個答案）。

(A)沾水筆筆刷

(B)毛刷筆刷

(C)圖樣筆刷

(D)向量筆刷

78. (　　)哪一種工具是最佳操作和導入掃描繪圖的方法？

(A)鋼筆工具

(B)筆刷工具

(C)鉛筆工具

(D)點滴筆刷工具

79. (　　)此使用者圖形介面  ，代表下列哪一項工具。

(A)橡皮擦工具

(B)任意變型工具

(C)鋼筆工具

(D)網格工具

80. (　　)此使用者圖形介面  ，代表下列哪一項工具。

(A)橡皮擦工具

(B)任意變型工具

(C)鋼筆工具

(D)網格工具

81. (　　) 此使用者圖形介面 　，代表下列哪一項工具。
    (A) 橡皮擦工具
    (B) 任意變型工具
    (C) 鋼筆工具
    (D) 網格工具

82. (　　) 此使用者圖形介面 　，代表下列哪一項工具。
    (A) 橡皮擦工具
    (B) 任意變型工具
    (C) 鋼筆工具
    (D) 網格工具

83. (　　) 此使用者圖形介面 　，代表下列哪一項工具。
    (A) 形狀工具
    (B) 點滴筆刷
    (C) 鉛筆工具
    (D) 工作區域

84. (　　) 此使用者圖形介面 　，代表下列哪一項工具。
    (A) 形狀工具
    (B) 點滴筆刷
    (C) 鉛筆工具
    (D) 工作區域

85. (　　) 此使用者圖形介面 　，代表下列哪一項工具。
    (A) 形狀工具
    (B) 點滴筆刷
    (C) 鉛筆工具
    (D) 工作區域

86. (　　) 此使用者圖形介面 ，代表下列哪一項工具。

(A) 形狀工具

(B) 點滴筆刷

(C) 鉛筆工具

(D) 工作區域

87. (　　) 下列有關濾鏡的描述何者正確？

(A)Illustrator 不能使用 Photoshop 濾鏡

(B)Illustrator 可以使用 Photoshop 濾鏡

(C) 將下載的濾鏡模組放在安裝路徑的 Help 資料夾中，就可以在軟體中使用

(D) 將下載的濾鏡模組放在安裝路徑的 Plug-Ins 資料夾中，就可以在軟體中使用

88. (　　) 任意變型工具可以完成下列哪些變形動作？（請選擇三個答案）

(A) 移動

(B) 彎曲

(C) 縮放

(D) 旋轉

89 . (　　) Illustrator 可以還原多少個步驟？

(A)20

(B)50

(C)999

(D) 視記憶體而定

90. (　　) Illustrator 最多可設定幾個圖層？

(A)10 個

(B)20 個

(C)50 個

(D) 無限制

91. (　　)為了避免文字在印刷時因為印刷廠沒有相應字形而造成困擾，使用者可以如何因應？

(A)不要使用文字

(B)將文字外框化

(C)使用筆刷書寫文字

(D)將文字做成點陣圖影像

92. (　　)在圖層工作面板，若要同時選取兩個以上的不連續圖層，應按住下列哪個鍵？

(A)Ctrl

(B)Alt

(C)Shift

(D)Tab

93. (　　)下列關於參考線的描述何者正確？

(A)參考線始終在所有圖形的前面

(B)參考線始終在所有圖形的後面

(C)參考線一般在圖形的前面，但可以調整與圖形之間的前後順序

(D)參考線可以依圖層分類

94. (　　)下列敘述何種正確？

(A)Illustrator可以製作Flash檔案

(B)Illustrator不能開啓Photoshop文件

(C)在Illustrator中不可以指定Web顏色

(D)Illustrator中不能製作透明物件

95. (　　) 下面關於Illustrator的界面描述何者正確？

(A) 開啓軟體時會自動開啓一個新文件，新文件的大小為A4，色彩模式為RGB

(B) 啓動軟體後，使用者不能自行確定啓動後的工作區配置

(C) 任何一個工作面板中包含的項目是固定的

(D) 工具箱中的工具圖標的右下角有一個黑色的小三角，表示這個工具中還包含其它工具

96. (　　) 以下哪些是縮放顯示頁面的方法？（請選擇三個答案）

(A) 使用放大鏡工具

(B) 使用檢視功能表下的放大顯示與縮小顯示

(C) 使用資訊工作面板

(D) 使用導覽器工作面板

97. (　　) 下列有關顏色模式的描述何者正確？（請選擇三個答案）

(A)HSB指的是色相、飽和度、亮度

(B)Illustrator中有三種顏色模式

(C) 灰階就是使用不同濃淡的灰色來表示物件

(D)RGB指的是紅色、綠色、藍色

98. (　　) 以下何者是路徑控制的元素？（請選擇兩個答案）

(A) 貝茲把手

(B) 錨點

(C) 向量點

(D) 著色錨點

99. (　　) 下列有關橡皮擦工具的描述何者正確？

(A) 只能刪除開放路徑

(B) 只能刪除路徑的一部分，不能將路徑全部刪除

(C) 可以刪除文本或漸變網格

(D) 可以刪除路徑上的任意部分

100.(　　)透過變型工作面板可以完成以下哪些動作？

(A)移動、縮放、旋轉和傾斜

(B)依比例縮放

(C)彎曲

(D)將多個被選取的路徑置中對齊

101.(　　)在Illustrator中，哪個按鍵可以切換所有工作面板的開合？

(A)Shift

(B)Alt

(C)Tab

(D)Enter

102.(　　)下列關於路徑的描述何者正確？

(A)開放路徑不可填色

(B)開放路徑可以填色，但不能填圖案

(C)封閉路徑可以填色、圖案和漸層色

(D)如果要將開放路徑填色，必須將開放路徑轉換☒封閉路徑

103.(　　)若要繪製正方型封閉路徑，須配合哪個按鍵？

(A)Shift

(B)Alt

(C)Tab

(D)Enter

104.(　　)繪製星形物件時，哪組按鍵可以直接調整星芒數？

(A)數字鍵

(B)符號鍵

(C)方向鍵

(D)插入鍵

105.(　　)若要在路徑上選取單一錨點，可使用哪個工具？

(A)鉛筆工具

(B)選取工具

(C)鋼筆工具

(D)直接選取工具

106.(　　)作品在何時受著作權保護

(A)該作品的原始想法成型以後

(B)該作品取得專利權

(C)作品完成，並以實體形式問市之際

(D)該作者與著作權相關管轄單位註冊該作品後

107.(　　)哪一種影像類型與解析度無關？

(A)RAW

(B)Vector

(C)Bitmap

(D)Raster

108.(　　)Illustrator可以另存新檔成為以下哪三種檔案格式？（請選擇三個答案）

(A)AI

(B)PDF

(C)PSD

(D)EPS

109.(　　)下列何種影像格式何者不屬於全彩圖檔？

(A)JPG

(B)PNG

(C)GIF

(D)TIFF

110.(　　)使用者可以執行哪個功能表呼叫出路徑管理員工作面板？

(A)檢視

(B)導覽器

(C)編輯

(D)視窗

111.(　　)10x 10英寸，解析度為150ppi，其影像檔案的像素尺寸為多少？

(A)1000x1000像素

(B)1500x1500像素

(C)250x250像素

(D)500x500像素

112.(　　)下列何者是Illustrator預設的單位？

(A)公分

(B)公厘

(C)像素

(D)英寸

113.(　　)以下哪些使用者會高度依賴尺標與參考線做為設計時的輔助？（請選擇兩個答案）

(A)攝影師

(B)程式設計師

(C)平面設計師

(D)網頁設計師

114.(　　)宋明體適合使用在哪一類型文字中？

(A)本文

(B)標題

(C)註解

(D)說明

115.(　　)下列敘述何者正確？（請選擇兩個答案）

(A)相似又稱為調和

(B)三分法是最基本的影像構圖方式

(C)對比是為了營造整體秩序感

(D)對齊可以提高版面整體的一致性

116.(　　)印製海報時，應使用何種色彩模式？

(A)LAB

(B)CMYK

(C)HSB

(D)RGB

117.(　　)Illustrator預設的檔案格式是？

(A)PSD

(B)JPG

(C)AI

(D)EPS

118.(　　)在Illustrator中可以利用哪個功能選項，開啟新的檔案？

(A)圖層 > 新增 > 圖層

(B)檔案 > 開新檔案

(C)檔案 > 開啟為…

(D)編輯 > 貼上

119.(　　)使用者可以透過以下哪一個工作面板，掌控文件內的所有圖層？

(A)樣式

(B)變形

(C)圖層

(D)導覽器

120.(　　) 若需要在編輯畫面中看到尺標，可以使用一下哪個選項？

(A) 編輯 > 偏好設定 > 單位與尺標

(B) 影像 > 運算

(C) 檢視 > 尺標

(D) 分析 > 尺標工具

121.(　　) 關於色彩模式的敘述，下列何者正確？

(A)CMYK 為色光三原色

(B)RGB 色彩模式通常拿來印刷

(C) 網路上影像的色彩模式通常為 CMYK

(D)HSB 指的是色相、飽和度與亮度

122.(　　) 網路上應用的影像，解析度要多少就足夠？

(A)72dpi

(B)100dpi

(C)150dpi

(D)350dpi

123.(　　) 如果要一次繪製出很多的相同元素，可以使用下列哪些工具？（請選擇兩個答案）

(A) 鉛筆工具

(B) 筆刷工具

(C) 符號噴灑器工具

(D) 套索工具

124.(　　) Photoshop 預設的色彩模式為？

(A)RGB

(B)CMYK

(C)HSB

(D)LAB

125.(　　)網頁上可以使用的圖形檔案格式有哪些？（請選擇三個答案）

(A)JPG

(B)GIF

(C)PSD

(D)PNG

126.(　　)下列何者不是英文字體的分類之一？

(A)襯線字

(B)非襯線字

(C)黑體

(D)書寫體

127.(　　)在計劃程序中，專案經理需提出下列何者方能與業主進行討論？

(A)草稿腳本

(B)作品

(C)合約

(D)報紙

128.(　　)在專案進行過程中，誰負責分析目標對象？

(A)業主

(B)設計師

(C)瀏覽者

(D)專案經理

129.(　　)每一個設計專案，是因為誰的需要而成立？

(A)設計師

(B)目標對象

(C)使用者

(D)業主

130.(　　) 下列何者為視覺傳播媒體？（請選擇三個答案）

(A) 電視

(B) 電影

(C) 報紙

(D) 廣播

131.(　　) 文件尺寸是指？

(A) 像素尺寸

(B) 影像輸出尺寸

(C) 等比例尺寸

(D) 像素外觀尺寸

132.(　　) 行書體在中文字體的分類中，屬於以下哪一項？

(A) 黑體

(B) 宋明體

(C) 書寫體

(D) 其他

133.(　　) 若要修改預設的步驟紀錄數量，需執行以下哪個選項？

(A) 編輯 > 偏好設定 > 一般

(B) 編輯 > 偏好設定 > 效能

(C) 編輯 > 偏好設定 > 增效模組

(D) 以上皆非

134.(　　) 下列何者負責與業主溝通協調？

(A) 設計師

(B) 專案經理

(C) 瀏覽者

(D) 目標對象

135.(　　) 下列何者不屬於Illustrator界面的一部份？

(A) 控制列

(B) 狀態列

(C) 白板工具列

(D) 工具面板

136.(　　) 最後的設計作品完成後，由誰進行最後的整合？

(A) 專案經理

(B) 設計師

(C) 業主

(D) 印刷廠

137.(　　) 下列敘述何者正確？（請選擇兩個答案）

(A) 任何設計素材在取得所有權人正式授權後，可以使用

(B) 面對不同的使用者族群，不需要針對其特性進行設計

(C) 專案經理負責整個專案的成敗

(D) 設計師不能兼任專案經理

138.(　　) Photoshop中的座標原點在下列哪個位置？

(A) 左上

(B) 右上

(C) 左下

(D) 右下

139.(　　) 常見的影像使用目的為？

(A) 印刷

(B) 視訊

(C) 網頁

(D) 以上皆是

140. (　　) 小民從網路上下載了一張圖片，請問這張圖片應該是何種色彩模式？

(A)RGB

(B)CMY

(C)CMYK

(D)LAB

141. (　　) 衍伸著作是指？

(A)被用於研究的資源

(B)被變更後的受保護資料

(C)創作作品

(D)參考書目

142. (　　) 在變形工具中若要等比例縮放大小，應使用下列哪個輔助鍵

(A)Ctrl

(B)Shift

(C)Alt

(D)Space

143. (　　) 下列敘述何者正確？

(A)Illustrator無法儲存選取範圍

(B)尺標與參考線是不重要的輔助工具

(C)路徑無法修改調整

(D)路徑一定是虛線外框

144. (　　) 開新檔案時，Illustrator預設的解析度是多少？

(A)72

(B)150

(C)300

(D)350

145.(　　)下咧哪幾種檔案格式可以提供透明背景？（請選擇兩個答案）

(A)JPG

(B)GIF

(C)PNG

(D)BMP

146.(　　)下列敘述何者錯誤？

(A)使用者可以自由移動參考線的位置

(B)傾斜是任意變形的其中一種功能

(C)尺標原點可以重新定義

(D)參考線無法清除

147.(　　)請問以下哪一種是屬於媒體的種類之一？

(A)網路媒體

(B)傳播媒體

(C)平面印刷

(D)以上皆是

148.(　　)哪一項是AdobeBridge的主要功能？

(A)建立文件

(B)管理與檢視影像檔案

(C)結合轉換的影像

(D)將程式中的影像格式變更為應用程式套件內的另一種格式

149.(　　)色彩描述檔主要是下列哪兩個對象之間進行校正色彩的工具？（請選擇兩個答案）

(A)業主

(B)設計師

(C)印刷廠

(D)輸出中心

150.(　　) 若要印刷影像檔案，通常使用下列哪一個解析度？

(A)72

(B) 150

(C) 300

(D) 600

國家圖書館出版品預行編目(CIP)資料

ACA國際認證：Illustrator CC完全攻略 / 裴恩設計工作室編著. -- 初版. -- 新北市：全華圖書, 2015.11

面； 公分

ISBN 978-986-463-082-0(平裝附光碟片)

1.Illustrator(電腦程式) 2.考試指南

312.49I38　　104022809

ACA 國際認證－ Illustrator CC 完全攻略（附範例光碟）

作者 / 裴恩設計工作室

執行編輯 / 周映君

發行人 / 陳本源

出版者 / 全華圖書股份有限公司

郵政帳號 / 0100836-1 號

印刷者 / 宏懋打字印刷股份有限公司

圖書編號 / 06295007

初版一刷 / 2015 年 12 月

定價 / 新台幣 340 元

ISBN / 978-986-463-082-0

全華圖書 / www.chwa.com.tw

全華網路書店 Open Tech / www.opentech.com.tw

若您對書籍內容、排版印刷有任何問題，歡迎來信指導 book@chwa.com.tw

臺北總公司（北區營業處）
地址：23671 新北市土城區忠義路 21 號
電話：(02) 2262-5666
傳真：(02) 6637-3695、6637-3696

南區營業處
地址：80769 高雄市三民區應安街 12 號
電話：(07) 381-1377
傳真：(07) 862-5562

中區營業處
地址：40256 臺中市南區樹義一巷 26 號
電話：(04) 2261-8485
傳真：(04) 3600-9806

（請由此線剪下）

歡迎加入 全華會員

● 會員獨享

會員享購書折扣、紅利積點、生日禮金、不定期優惠活動…等。

● 如何加入會員

填妥讀者回函卡直接傳真（02）2262-0900 或寄回，將由專人協助登入會員資料，待收到 E-MAIL 通知後即可成為會員。

如何購買 全華書籍

1. 網路購書

全華網路書店「http://www.opentech.com.tw」，加入會員購書更便利，並享有紅利積點回饋等各式優惠。

2. 全華門市、全省書局

歡迎至全華門市（新北市土城區忠義路 21 號）或全省各大書局、連鎖書店選購。

3. 來電訂購

(1) 訂購專線：(02) 2262-5666 轉 321-324

(2) 傳真專線：(02) 6637-3696

(3) 郵局劃撥（帳號：0100836-1　戶名：全華圖書股份有限公司）

※ 購書未滿一千元者，酌收運費 70 元。

全華網路書店 www.opentech.com.tw
E-mail: service@chwa.com.tw

※ 本會員制如有變更則以最新修訂制度為準，造成不便請見諒。

廣　告　回　信
板橋郵局登記證
板橋廣字第540號

行銷企劃部　收

23671 新北市土城區忠義路 21 號

全華圖書股份有限公司

（請由此線剪下）

讀者回函卡

填寫日期：　／　／

姓名：＿＿＿＿　生日：西元＿＿年＿＿月＿＿日　性別：□男 □女

電話：（　）＿＿＿＿　傳真：（　）＿＿＿＿　手機：＿＿＿＿

e-mail：（必填）

註：數字零，請用 Φ 表示，數字 1 與英文 L 請另註明並書寫端正，謝謝。

通訊處：□□□□□

學歷：□博士 □碩士 □大學 □專科 □高中・職

職業：□工程師 □教師 □學生 □軍・公 □其他

學校／公司：＿＿＿＿　科系／部門：＿＿＿＿

・需求書類：

□ A. 電子 □ B. 電機 □ C. 計算機工程 □ D. 資訊 □ E. 機械 □ F. 汽車 □ I. 工管 □ J. 土木

□ K. 化工 □ L. 設計 □ M. 商管 □ N. 日文 □ O. 美容 □ P. 休閒 □ Q. 餐飲 □ B. 其他

・本次購買圖書為：＿＿＿＿　書號：＿＿＿＿

・您對本書的評價：

封面設計：□非常滿意 □滿意 □尚可 □需改善，請說明＿＿＿＿

內容表達：□非常滿意 □滿意 □尚可 □需改善，請說明＿＿＿＿

版面編排：□非常滿意 □滿意 □尚可 □需改善，請說明＿＿＿＿

印刷品質：□非常滿意 □滿意 □尚可 □需改善，請說明＿＿＿＿

書籍定價：□非常滿意 □滿意 □尚可 □需改善，請說明＿＿＿＿

整體評價：請說明＿＿＿＿

・您在何處購買本書？

□書局 □網路書店 □書展 □團購 □其他＿＿＿＿

・您購買本書的原因？（可複選）

□個人需要 □幫公司採購 □親友推薦 □老師指定之課本 □其他＿＿＿＿

・您希望全華以何種方式提供出版訊息及特惠活動？

□電子報 □DM □廣告（媒體名稱＿＿＿＿）

・您是否上過全華網路書店？（www.opentech.com.tw）

□是 □否 您的建議＿＿＿＿

・您希望全華出版那方面書籍？＿＿＿＿

・您希望全華加強那些服務？＿＿＿＿

～感謝您提供寶貴意見，全華將秉持服務的熱忱，出版更多好書，以饗讀者。

全華網路書店 http://www.opentech.com.tw　客服信箱 service@chwa.com.tw

2011.03 修訂

親愛的讀者：

感謝您對全華圖書的支持與愛護，雖然我們很慎重的處理每一本書，但恐仍有疏漏之處，若您發現本書有任何錯誤，請填寫於勘誤表內寄回，我們將於再版時修正，您的批評與指教是我們進步的原動力，謝謝！

全華圖書　敬上

勘誤表

書號		書名		作者	
頁數	行數	錯誤或不當之詞句		建議修改之詞句	

我有話要說：（其它之批評與建議，如封面、編排、內容、印刷品質等・・・）